高等院校艺术学门类"十四五"规划教材
食物与设计丛书

食物与创新

FOOD AND INNOVATION

编著　宋华　陈莹燕　员勃

U0334183

华中科技大学出版社
http://www.hustp.com
中国·武汉

内 容 简 介

本书属于"食物与设计"系列丛书，在食物与设计的基础上做深入探讨。人类发展至今，经历了食物的单调匮乏，到现在丰盛有余，大多数人注重的已不再是饱腹感，而是如何能使食物更美味，吃什么更健康。人们在享受美食的同时，从食物中汲取的不仅仅是热量，也是一种快乐的力量，它已变为观赏品、艺术品出现在大众眼中，给人以视觉冲击。但仅仅这样，还不能体现出食物带给人们的影响。食物在完成基本功用的同时，在当下能带给我们不同的体验。当食物跳出单纯的品尝，当对食物施加一种影响力，人们便会对食物有新的认识与了解，这正是当下饮食体验所追求的。

以饮食体验为基础的食物创新设计，是以食物为设计媒介，以食品为原材料去制作、包装、运输、消费以及回收的设计循环过程，同时也包含食物的视觉呈现以及感官体验、互动体验、情感体验，因此，食物创新是连接人与食物、人与社会文化的桥梁。

本书主要内容包括食物与体验设计、食物与创新设计、食物与城市发展、食物与食育教育四部分。

图书在版编目（CIP）数据

食物与创新 / 宋华，陈莹燕，员勃编著 . —武汉：华中科技大学出版社，2021.9
（食物与设计丛书）

ISBN 978-7-5680-7375-2

Ⅰ . ①食… Ⅱ . ①宋… ②陈… ③员… Ⅲ . ①食品 – 设计 Ⅳ . ① TS972.114

中国版本图书馆 CIP 数据核字（2021）第 172083 号

食物与创新
Shiwu yu Chuangxin

宋华 陈莹燕 员勃 编著

策划编辑：彭中军

责任编辑：段亚萍

封面设计：优 优

责任监印：朱 玢

出版发行：华中科技大学出版社（中国·武汉）　　　电话：（027）81321913
　　　　　武汉市东湖新技术开发区华工科技园　　　邮编：430223

录　　排：武汉创易图文工作室

印　　刷：武汉精一佳印刷有限公司

开　　本：880 mm×1230 mm　1/16

印　　张：6

字　　数：217 千字

版　　次：2021 年 9 月第 1 版第 1 次印刷

定　　价：59.00 元

前言
Preface

　　食物自古以来就是一个经久不衰的话题，民以食为天，人们只有在吃饱之后才会去思考其他问题，因此，饮食是人类赖以生存的基本条件。没有人能逃脱这一法则，费尔巴哈说："心中有情，脑中有思，必先腹中有物。"

　　人类早期一直过着以狩猎为基础的游牧生活，直到 11 000 年前才开始刻意栽培或养殖食材。本书基于人类从四处搜寻食物到农耕养殖、从自然获取食物到运用技术这一历史长河中的种种自然规律现象，探讨食物设计创新及其与城市生态发展的关系，以期为与食物相关的创新设计提供新的思路。

　　本书的主审人为二级教授、博士生导师陈汗青教授，陈汗青教授曾任武汉理工大学艺术与设计学院院长、教育部高校工业设计专业教学指导分委员会委员、教育部艺术硕士专业学位教育指导委员会委员、中国建设文化艺术协会环境艺术专业委员会专家委员会副会长、湖北省高等教育学会艺术设计专业委员会理事长等职。陈汗青教授是武汉轻工大学艺术设计学院"常青学者"特聘教授，在百忙之中对本书的编写提出了许多宝贵意见，更捐资设立"汗青艺术教育奖励基金"，本书也得到了"汗青艺术教育奖励基金"的资助，在此表示由衷的感谢。

　　全书由宋华负责章节目录的拟定、总撰和定稿，员勃负责提供部分资料，陈莹燕教授参与全书撰写的讨论，并提出了宝贵的意见和建议。感谢书中所有设计作品和参考文献的作者，他们的成果为本书提供了例证和支撑材料。书中出现的所有图片、照片版权归原作者所有，在此仅供学习使用。由于本书的编写具有相对的探讨性，存在许多不完善的地方，恳切希望专家、同仁批评指正。

编　者
2021 年 5 月

目录
Contents

SHIWU YU CHUANGXIN

第一章

食物与体验设计

第一节　食物与体验

一、体验设计

"体验"一词最早出现在德国的文献中，译为从生命到生活的一种递进，其中包含主动体验生命价值的含义。在我国《现代汉语词典》中，"体验"一词的释义是通过实践来认识周围的事物，亲身经历。由此得出，体验强调的是亲自参与其中的经历和感受。

体验经济下，消费者是体验的主体，消费者脑海中的记忆和亲身感受是体验的本质。体验是真实存在的，是人们对外界刺激的一种反应，这种感受有感性和理性之分。体验是两者之间的互动沟通产生的感受，产生于主体与外界环境的互动。体验是一种个性化的感受，每个人的体验不尽相同，例如人们在同一环境下体验同一款产品或服务时，也会因为自身的心理状态、生活经历、文化背景等因素的不同导致体验的不同。

当下社会，人们的体验几乎完全受人性化设计的影响，设计师将这种理念运用在所有产品、作品中，通过一系列方法来提高使用者或参与者的体验。体验设计分为"体验"和"设计"两部分，体验是参与者的直观感受，而设计便是设计者要展现给体验者何种体验方式。体验分为视觉体验、触觉体验、嗅觉体验、环境体验等多方面，不同的体验方式带给参与者的感受也不尽相同。

本章主要讨论对于饮食体验的设计，饮食的体验是多元化的，不仅仅停留在饮食本身给人带来的感觉，还包括食品的包装、承载食物的食器、就餐的环境、进食的方式等。

二、饮食体验

如图1-1所示的酒名为蝶恋花，金鱼碗里，淡淡的蓝色美酒之上漂着些许可食用的花瓣，口感像初夏夜晚的微风，悠悠我心。花间一壶酒，独酌无相亲。这就是饮食体验。

近年来备受关注的李子柒，被央视、人民日报等主流媒体纷纷点名，不吝表扬之词。央视新闻说：李子柒的视频，没有一个字夸中国好，但讲好了中国故事。人民日报说：因为李子柒，数百万外国人爱上中国。李子柒生活在四川乡村，以拍摄乡村生活、传统美食和传统文化为主，在国内外集聚了上千万粉丝，成为中国文化输出的重要窗口，让外国人感受到中国文化饮食体验（见图1-2，图片来源于李子柒微博）。

饮食即吃、喝，也指饮品和食品。饮食对于人来说，并非仅仅充饥，它能从视觉、触觉、嗅觉甚至是思想上刺激我们、影响我们。我们对食物的记忆多少都带有情感与回忆，妈妈做的饭菜、放学路上的炸串，小时候一毛钱一块的糖果、五毛钱一根的冰糕，对于印象中的食物，我们追求的并非真的是那时候的味道，而是当时的情感。将这种情感带入饮食中，饮食便具有了回忆的效果。饮食体验更关心食物或是饮食相关器物给人的情感影响，通过将这种情感加之在食物、器具、活动中，以另一种方式展现食物的魅力。

图 1-1

图 1-2

　　斯洛文尼亚虽小，却是一个名副其实的美食国度。受到邻国奥地利、意大利和匈牙利的影响，斯洛文尼亚的美食风味独特，应季蔬菜更是斯洛文尼亚美食中不可或缺的重要元素。如图 1-3 所示为喀斯特地区特产 Pršut 火腿（图片来源于 Bojan Pipalović）。

图 1-3

这是一种和意大利熏火腿有一点点类似的自然熏干火腿，如图 1-4 所示（图片来源于 Bojan　Pipalović）。秋季的时候，人们会腌制很多这样的火腿，然后挂在户外自然风干，喀斯特地区凉爽的东北风让这种火腿别具风味。人们常常把 Pršut 切成像纸一样薄的肉片，然后搭配上黑橄榄一起食用。

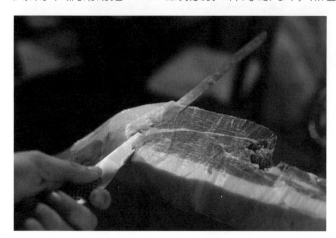

图 1-4

体验在于人们在一个过程与行为中的心理感受。而这种体验的价值是什么？若从人的需求来看，可以图 1-5（图片来源于搜狐网"消费导向与价值导向"）来说明。心理学家马斯洛于 1943 年提出的需求金字塔说明了人类需求的层级——从底层的基本需求到心理层面的需求，再到顶端的自我实现与精神价值。当人们较低层次的需求被满足以后，在此基础上人们会追逐更高层级的需求，最终还会产生更高一级的需求，这个过程是逐渐上升的。需求是一个动态的、具有阶段性的发展过程。需求的上升没有止境，未来还会有更深层面的需求出现。

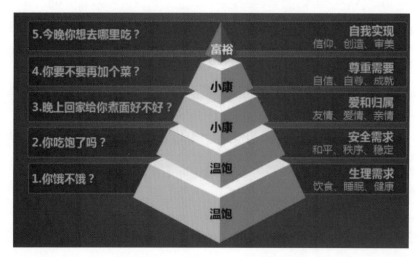

图 1-5

三、跨界体验

跨界设计即跨领域设计，它融合了两个甚至更多领域。随着时代的进步与发展，各领域的深入探讨与不断尝试，设计的边界已逐渐模糊，人们已不仅仅满足于对单一领域的探究，设计师以及各行各业的人纷纷将目光投向其他领域，设计师对多领域的探索与融合也推动了新的设计观念以及文化的发展。

埃利亚松曾说："没有食物一个人会死去，然而没有艺术我们同样也不能活，只是离开世界的速度有快有慢而已。"

　　现在已经不难想象把食物作为主体，而贴上当代艺术的标签。艺术家把食材作为天然的素材，既能分享生活态度，又能表达创造美的自然需求。当食物遇上艺术，当物质与精神相逢，就成了一个把平淡日常变成闪闪发光的艺术品的魔术。

　　在超市打工跑腿的时候，Karsten Wegener、Silke Baltruschat 和 Raik Holst 在冷藏柜的一块包装火腿中发现了一张"脸"——火腿的形状，鸡蛋、黄瓜、胡萝卜的完美排列，使人一看就想到爱德华·蒙克的《呐喊》，如图 1-6（a）所示（图片来源于搜狐网《食物与艺术的跨界，1 加 1 永远大于 2》）。

　　这个火腿版的"呐喊"给了他们灵感，他们决定利用可食用的介质去模仿一些知名的作品，利用一些熟食，像香肠、鸡蛋、泡菜等去创造艺术，如图 1-6（b）所示（图片来源于搜狐网《食物与艺术的跨界，1 加 1 永远大于 2》）。

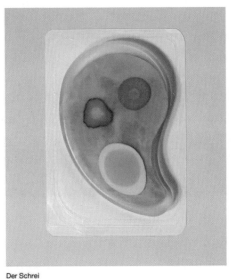

Der Schrei
frei nach Edvard Munch, 2013

Poodle
frei nach Jeff Koons, 2013

（a）　　　　　　　　　　　　　　　　　（b）

图 1-6

　　食物在跨界设计中的应用，就是利用了人们对食物的欲望，将食物与其他领域相结合，带给人们不同的体验。

第二节　食物体验

一、生活中的五感六觉

　　五感是指尊重感、高贵感、安全感、舒适感、愉悦感。六觉是指视觉、听觉、触觉、嗅觉、味觉、知觉（下意识）。

你是否还记得晒完被子有暖暖的阳光的味道？很饿的时候，看到肯德基超大的汉堡海报是否会咽口水？在路上或小区里无意嗅到沁人心脾的桂花香，是否会想到桂花糕、桂花茶（见图1-7，图片来源于"设研社"公众号）？相信这些问题的答案都是肯定的，在一定的情境下，我们的脑海里就会浮现相应的画面。

图 1-7

为什么有些记忆在我们的脑海中一直不会被遗忘，而对上学时背得滚瓜烂熟的数学公式或化学方程式却忘得一干二净？这样的问题背后的真正原因是什么？

这种情况是由我们大脑的记忆规律所决定的。左右脑不同的功能区分布如图1-8所示（图片来源于"设研社"公众号），我们的大脑对数字和语言类的信息需要靠不断重复才能记忆（这也是为什么广告泛滥，以占据你的心智，让你想去购买），而对感性的信息则有着与生俱来的记忆天赋，会去主动地感知和不由自主地记忆。行为心理学家认为，我们对外界的印象有80%来自非语言因素，大部分来自感官因素（其中视觉和触觉在色彩和材质设计中有大量应用），如图1-9所示（图片来源于"设研社"公众号）。

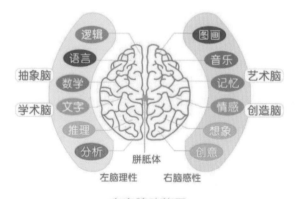

左右脑功能图

图 1-8

图 1-9

　　人的感官具有与生俱来的记忆天赋，这是保存在基因里的，它会主动地为我们感知这个世界。在远古时期，人类会借助人体六觉来判断周围环境的危险指数。比如，用足底的触觉来感知地面的细微振动，结合视觉和听觉判断是否有飞禽走兽或自然灾害，用嗅觉和味觉来判断食物是否腐烂、能否食用等。如图 1-10 所示为远古人狩猎和烹饪示意图。儿童在感觉方面的敏锐度比大人高将近 200 倍，每个人身上的气味、声音等信息是他判断人和环境安全与否的重要因素（见图 1-11），这也是为什么儿童学东西比较快的原因。六觉如图 1-12 所示。

图 1-10

图 1-11

图 1-12

五感六觉是一个汉语词语，把"感"和"觉"分开解读，常被应用在设计和营销中。这里又一次谈到美国心理学家亚伯拉罕·马斯洛的需求模型（见图 1-13）。如果我们不懂得匹配需求层次，就做不出好的设计。比如客户要求性价比高，你却选用进口的高端产品；客户要求空间设计满足其精神需求，而你不了解他的精神需求是什么，结果话不投机，客户丢了。五感六觉是设计分析、设计营销、客户服务中最重要的因素之一。

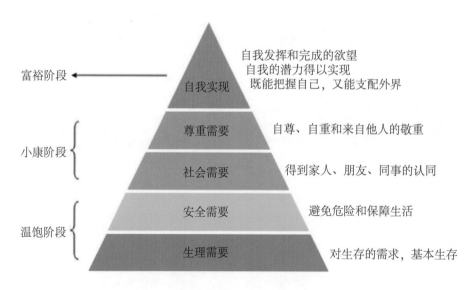

图 1-13

体验设计中哪些地方会用到五感六觉？怎么使用它？

（1）感官营销。感官的满足会让我们认为一件东西物超所值，哪怕贵一点都没关系。如图 1-14 所示，星巴克把"感官营销"运用到了极致，每一位顾客走进店内都能够闻到浓郁的咖啡香味（嗅觉），除了咖啡还有甜品（味觉），店内还播放着柔美的轻音乐（听觉），坐在柔软的咖啡椅上，手中拿着不锈钢勺子搅动着刚端上来的那杯"拿铁"（触觉），看着店内雅致的装修、窗外的自然环境（视觉），怎能不让人身心陶醉，感觉物超所值呢？

图 1-14

（2）视觉设计。"色"，也就是视觉，它是人体感知敏锐度最高的，同时也是被品牌营销开发最多的一个因素。人本身就对美的事物比较敏感，所以往往以"色"识人、以"色"识物。线上电商精美的营销海报，线下店面对光线、形状、颜色的设计，都要给人以超值的感知体验。合理的光线设计不仅影响着我们的情绪，还能激发购买欲望。如果你设计的是咖啡店、烘焙店、餐厅，切记勿用冷灯光，而要用暖灯光，因为暖灯光会让人心情放松、愉悦、有食欲。有兴趣可以观察一些生意好的水果店，看看是不是用的暖灯光。

（3）听觉设计。每个人都喜欢听悦耳的声音，不喜欢噪声或难听的脏话，为什么呢？这是因为我们的听觉直接作用于人体大脑中负责情感和情绪的功能区。设计师要学会利用不同的悦耳的声音来全方位地设计听觉体验。若你设计的是咖啡厅或者美容院，那就播放一些节奏缓慢的轻音乐，让消费者听着舒心，放松心情。

（4）嗅觉设计。气味无处不在，它存在于我们生活中的任何地方，时刻影响着我们大脑的判断（见图 1-15）。比如：人们对咖啡的记忆，90% 来自嗅觉，10% 来自味觉。在人的六觉之中，嗅觉是最原始、最精细、最恒久的。

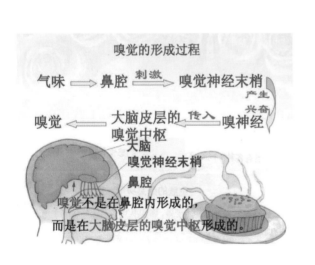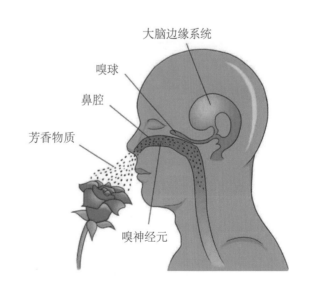

图 1-15

如果一个浑身异味、汗臭味的人走到你的面前，你会做出什么样的反应？相信不捂鼻子也得屏住呼吸吧。如果一位打扮时髦的异性，长相一般，但身上有一股特殊的香气，会让你产生好感甚至动情的错觉，他走过，

你会有种依依不舍的感觉，这时你的大脑已经对他产生了好感。比如香奈儿 N°5 号香水，让许多人迷恋。

为什么会这样呢？因为在我们的大脑中，嗅觉神经是距离大脑负责决策的区域最近的感觉神经，所以我们在嗅到好闻的气味时，会直接做出决策。

在体验设计中要想提高用户体验，取得客户的好感，可以巧妙地去运用气味。比如烘焙店、咖啡馆，只需要把后厨烤面包的香气和磨咖啡的香气通到店内和店外，就可以巧妙而直接地引导客户做出购买行动。如果是设计美容养生店，什么气味合适呢？研究发现，类似香草精油的气味最合适，因为香草气味直接刺激大脑区域会使我们感觉到安心、放松，会让整个过程更加享受、舒服。

德国心理学家沃勒发现了"气味慰藉"现象。他调查了 208 名年轻男女，当男友离开不在时，三分之二的女孩穿过对方的衣服睡觉，通过男友衣服的味道来保持男友在身边的感觉，而高达五分之四的女孩会通过嗅闻对方的衣服取得愉快感。科学家也证实，对于两地分居或已分手多年的恋人，或许很多重要的事情都已经淡忘了，但彼此的体味却深深地印刻在脑海中。

（5）味觉设计。人类的味觉是通过味蕾产生的。每个人大约有 1 万个味蕾，大部分集中在舌头上，每个人对味道的认识也各不相同。味觉是一个综合性的感觉，味觉的体验形成除了依靠味蕾捕获刺激，还需要依赖嗅觉和触觉等其他感觉。比如一盘食物因为色香味俱全，让人很有食欲，如图 1-16 所示。为什么女性和儿童被认为是食品行业消费的主力军？原因是：女性比男性的味觉更灵敏，女性拥有的味蕾比男性多，而儿童对味觉的敏锐度要比成人高很多。所以，如果小朋友看见好吃的吵着要买，请要理解，因为他们只是抵挡不住美食的诱惑。

图 1-16

同样的果醋产品，为什么叫"苹果醋"不好卖，而改为"乳酸菌饮品"却卖到爆？这是因为"苹果醋"忽略了味觉感知的因素。在我们的潜意识里，"醋"是酸的，是调味用品，除了吃饭以外谁没事会去喝醋呢？

对产品味觉上的设计是很多食品企业的重中之重，当然也是其他行业不容忽视的一个重要感官因素。

（6）触觉设计。触觉也是人体很重要的一种感觉，我们在选择一件商品时，总会不自主地用手摸一摸（手感是触觉的一种），来判断它的质量好坏。

　　有时重量感也会成为我们参考的标准之一。你去买苹果品牌手机，一部卖五六千元的手机，如果拿起来轻飘飘的，你肯定会认为它不值这个价钱，所以苹果手机的重量都是经过研究测试来设计的。

　　如果你经营着一家小的咖啡馆或书店，养一只小猫咪在店里，可以刺激消费者的情感，尤其是比较感性的女性，会不自主地去抚摸它，通过抚摸刺激感官和情感，从而加深对这家店的印象。日本很多街边商店都会养猫，以吸引人流、促进购物。

二、食物体验需求

　　为什么长沙的"茶颜悦色"（见图1-17）这么火？我们结合五感六觉从市场营销的角度来分析。

图 1-17

　　首先是服务态度。在下单时，店员会询问购买者的姓氏，饮品制作完成后，店员会亲切地叫X同学、X女士或X先生取单，临走时，还会喊出相应的口号。"茶颜悦色"是一个有"温度"的奶茶品牌，主打中国风，以独特的口感和包装让消费者屡次回购。

　　其次是制作工艺。如图1-18所示，在制作饮品时，工作人员会严格按照培训内容制作，精准到克，全制作过程公开透明。顾客在拿到饮品时，如果喝出味道不纯（浓了、淡了、苦了、涩了、没放糖……），可使用"一杯鲜茶的永久求偿权"，要求店员重制一杯。

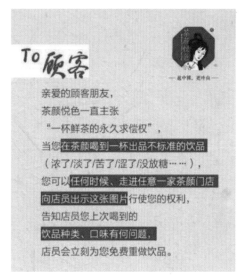

图 1-18

　　再次是店内的装修设计。如图1-19所示，在有发挥空间的店，"茶颜悦色"会不计成本地让顾客得到享

受。每个店的设计虽然不同，但是都很"走心"，中国风的氛围很强烈，非常适合拍照，所以"茶颜悦色"也成了到长沙必定打卡的"网红"店。

图 1-19

再来看看包装设计。如图 1-20 所示，在茶杯上，"茶颜悦色"的插画是花了大功夫的，每一款都带有中国风并且很有艺术性。

图 1-20

最后是五感六觉的知觉，即细微的暖心。"茶颜悦色"的每个门店都有医药箱、共享雨伞、充电器这类物品，只要有需要就可以去前台借用，不消费也可以去的，还能集点卡兑换周边，把盈利的一部分拿出来回馈给消费者。

我们可以结合马斯洛需求模型理论，从感官层、行为层、认知层三个层面分析诸如此类品牌的饮食体验层次。

一个成功的品牌，首先需要把握感官层的饮食体验，如图 1-21 所示。因为感官体验是消费者对食物最直接的体验方式。感官体验主要是较表层的食物外在和较深层的感官感知信息形成的，感官体验是首先引起消费者关注的食物体验层面。 最基本的感官层面包括视觉所触及的食物的造型、颜色、大小、材质等，注意到食物是否美观等；嗅觉可以触及食物的气味，通过气味可以辨别食物的新鲜程度，唤醒人们的记忆；触觉可以触及食物的材质、温度等，其中包含口感和手感，辨别食物的脆度等；味觉可触及食物的味道，是最重要的一个体验触点，辨别食物好吃与否关键在于味觉。

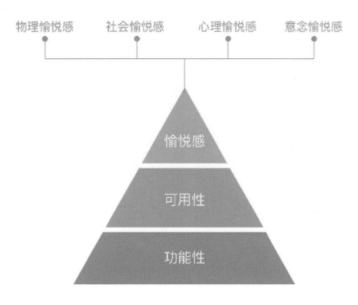

图 1-21

　　其次需要注意饮食行为层的体验，可以通过行为预设的方式，提前设计好食物的食用方式和互动方式，让食客在不知不觉中进入与食物的互动过程中。设计师对食物提前进行饮食行为预设，食客在食用过程中将产生思考：这是什么？为什么会是这种形状？我可以吃它吗？我喜欢它吗？如何吃？用什么方式吃？是什么做成的？在这个过程中，食客对食物产生好奇心理，用自己所特有的方式认识食物、观察食物、对食物提问、品尝食物、评价食物等，从而加深与食物的关系，提升饮食体验。

　　最后是认知层的饮食体验。认知层饮食体验在饮食体验中属于最高水平，通过对食物感官层和行为层的体验，食客对食物产生的认识、认知、交互，引发的记忆以及产生的情感相互作用都属于认知层的饮食体验。感官层饮食体验的焦点是食物的外观、气味等，行为层饮食体验的焦点是食物的功能和表达形式，认知层饮食体验的焦点是食物的内涵以及食物设计背后的意义。食客对食物的设计信息获得或了解得越多，就会获得越深的认知层饮食体验。

三、食物体验的方式

　　饮食并不仅仅局限于端坐在餐桌前等待食物被服务生送来，饮食也可以是大家共同参与的。食物不局限于放在盘中，还可以悬挂、铺开、罗列等。互动性情境饮食体验注重的是人的参与性，只有人参与其中，这种体验才成立。

1. 游戏饮食体验

　　游戏饮食体验是将饮食与游戏相结合的一种方式，这种体验分为两种类型。第一类是将餐厅空间、餐具、菜单等与消费者融合在一起，设计多人游戏。当参与者投入到游戏中去，参与游戏的人之间会诱发轻微的心理情绪，触发体验者的内在情感。

　　常见的游戏设计有九宫棋、跳棋以及其他简易的游戏形式，在品尝美食的同时可以一起玩游戏，如图 1-22 所示（图片来源于网络）。这种游戏饮食的方式可应用于餐厅、咖啡馆等提供饮食的地方，在顾客等待食物的时候提供这种游戏餐盘，不相熟的人可以避免尴尬，同时为人们制造了一种沟通交流方式，相熟之人也避免了因等餐各自玩手机的场面，共同进行一个游戏也可以缩短等餐给人的时间感受。

图 1-22

　　第二类是将手机、电脑的美食游戏转换为现实美食大比拼。玩过游戏的玩家们都知道，游戏中会模拟现实世界中的很多事物，其中就包括"食欲"。许多游戏的画师致力于将现实中的美味佳肴画进游戏中，就好像动画《中华小当家》（见图 1-23，图片来源于腾讯动漫）一样，希望玩家能够在看到美味的菜肴图的时候食指大动，勾起玩家的食欲。

　　许多玩家在看到游戏中充满食欲的菜肴后，忍不住想"要是在现实中也能吃到就好了"。这一想法促使许多大厨玩家把游戏中的菜肴给还原了出来。如《原神》游戏的玩家们举办了"拜年纪"，就有一位大厨将玩家心心念念的"杏仁豆腐"给还原了出来，如图 1-24 所示。

图 1-23　　　　　　　　　　　　　　　　　　　　图 1-24

　　不止杏仁豆腐，《原神》一向以细节到位著称，游戏内拥有丰富的菜谱，许多菜都有现实的原型，所以很多《原神》大厨玩家可以直接根据游戏的菜肴内容来制作菜品。"腌笃鲜"也是《原神》中的经典菜式，有大厨用蹄髈、火腿、春笋等食材，进行了 1∶1 的还原，如图 1-25 所示（图片来源于腾讯动漫）。《原神》里的七七是一个没有味觉的小僵尸，而她的特色料理是"没有未来菜"，介绍说看上去排列整齐，看起来异常美味，至于味道还是需要勇气。就是这样一道略显"奇葩"的特色菜，也被玩家用黑鱼、五花肉、鸡蛋、豆腐和虾等食材进行了制作，做出了传说中的最强料理，如图 1-26 所示（图片来源于腾讯动漫）。

图 1-25   图 1-26

"仙跳墙"是《原神》世界中名气非常大的一道菜。看名字大家可能都知道，这个灵感大概是来自福建的名菜"佛跳墙"。料理中用到的食材都是昂贵的鲍鱼、海参、花胶、猪蹄筋等，说明里写着"浅尝一口，细滑软嫩；细抿几分，回味悠长。从此魂牵梦萦自难忘"。就是这样一道看起来堪比"神迹"的食物，也有玩家耗费了上千元将其还原了出来，如图 1-27 所示（图片来源于腾讯动漫）。甚至还有"吃货"为了从食材开始还原菜肴，亲自下海捕捞黄金蟹，从切断、烧油到下锅油炸一气呵成，制作出了游戏里的黄金蟹，让人啧啧称奇，如图 1-28 所示（图片来源于腾讯动漫）。

图 1-27   图 1-28

游戏饮食体验属于行为层饮食体验，与上述食物设计案例相类似的，还有鼓励食客参与未完成的饮食制作。这是一种人可以直接参与制作或是创造的方式。受好奇心的驱使，人们总会对未完成的事物投以更多的目光。因为未完成，便充满想象空间，也充满了发挥的空间。将这种好奇心带入食物，将食物最后可呈现的样貌交由参与者决定，参与者可以依照自己的意愿选择最终呈现的样貌及口味。这种方式改变了以往食物口味与卖相只能由厨师决定的惯例。

比如设计师将豆腐制作成条状，斜插着铺成如屋顶瓦片的形状，并提供奶油、巧克力等不同口味的酱料，参与者将酱料用刷子刷到豆腐制成的"房顶瓦片"上，在完成之后大家还可以吃掉这些"瓦片"。这让参与者既尝试了一次"房顶粉刷"，也参与了食物的制作。

2. 利用新科技的饮食体验

随着科技创新的发展，新科技为人类生活带来了质的变化，新的技术应用在各个领域，也为饮食带来了新

的体验方式。裸眼 3D 技术最大的优势便是摆脱了眼镜的束缚，我们可以将这一技术与饮食相结合，运用在餐桌上，以餐桌为演示平台，将食物的制作方式以动画形式展现，每人桌前的餐盘是个独立的操作台，会有一位厨师小人绕着餐盘周围制作，当动画结束时，服务生会端上来与刚刚动画中制作的一样的食物。将饮食与裸眼 3D 技术相结合，以有趣的裸眼 3D 动画方式向人们展示了食物制作的过程，人们在品尝食物的同时也得到了视觉的享受。这是一种将视觉、味觉、嗅觉相融合的餐桌体验。

这种技术不仅可以应用于餐桌体验，同样可以应用于各种食物的柜台售卖展示，一个甜甜圈的制作过程、一颗花菜的切割方式、一条鱼的处理方法都可以通过裸眼 3D 技术展示给人们。随着 3D 打印技术的愈发成熟，3D 食物打印机也出现在世人面前。人们可以使用这款机器"打印"出真正可以食用的食物。将食物的原材料和配料放入 3D 打印容器中，输入食谱，程序便会自动生成食物。这个技术有利于利用新的食材便捷地制作出非传统食物，比如从食物中提取微量元素，制作成高蛋白或高维生素含量的食物。利用 3D 食物打印机，可以省去厨房内各种锅碗瓢盆的存在，也可根据自己的口味对生成的食物进行改变。

必胜客早在几年前就力推融入科技元素、打造趣味用餐体验，如图 1-29 所示。随着餐饮消费的不断升级，消费者对美食之外有更多的期待——能边吃边玩，满足其社交、娱乐需求成为第二"觅食"要素，因此不少餐饮品牌也希望通过创新科技手段来丰富顾客的就餐体验。

图 1-29

"从来没有想过边吃比萨，还能边在大屏幕上发弹幕，这让聚餐变得更有意思！"一位美食"达人"表示。在讲究餐饮跨界的今天，餐饮融合科技元素也愈发普遍，但是餐厅引入的科技元素如能真正提升用餐体验，增加用餐乐趣，那才能真正成为一大亮点。

3. 观赏式饮食体验

观赏式饮食体验是一种通过视觉直接给人感触的方式。通过不同食物和不同的创作方式让人们感受到食物的魅力。通过这种形式，使人们能够更细致地关注与人类密切相关的食物，让人们了解食物除了食用以外的魅力。

四川最有名的食物当属火锅，而成都对"饮食＋表演"融合最多的也是火锅店（见图 1-30 和图 1-31），成都的大妙火锅就是其中的佼佼者。锦里的大妙火锅深受外地游客的青睐，许多成都人也愿意在这里宴请朋友，特别是带外国友人过来感受一下。大妙火锅的环境古色古香，里面有两层楼，朴实的木质桌椅、中国风十足的花格回廊，给人带来浓浓的文化气息。店里晚上 7 点开始，节目就一个一个开始上演。川剧《皮金滚灯》很多四川人都看过，几乎是餐厅表演的必备节目。讲的是书生皮金迷恋赌博，其妻怒其不争，训练出"滚灯"这一技巧。语言和表演都相当诙谐，让人不时捧腹大笑。变脸是最受欢迎的，掌声雷动。

图 1-30

图 1-31

　　这些都属于食物的认知层饮食体验，这种体验在饮食体验中属于最高水平。

　　认知层饮食体验还包括用食物作画。绘画早已不局限于使用画笔创作，艺术家们通过各种不同的表现方式来展现艺术的魅力。用食物作画便是其中的方式之一。马来西亚建筑师康怡，将盘子作为画布，将食物通过拼贴、涂抹的方式在餐盘上进行创作，如图1-32所示。

图 1-32

　　她奇妙的构思使普通的食物变得丰富，她的创作有描绘大师作品的，如"呐喊"，也有一些作品天真感人，如一条正负形的鱼，还有一些展示情侣间的一些小情趣。用盘子作画的方式简单易操作，人们在了解了这一方式之后，在平时生活中也喜欢随意用食物摆一些果盘或是便当。艺术并非永远高高在上，能够被人们所理解并应用更是对艺术的一种认可。与康怡制作的小型食物绘画不同，艺术家 Henry Hargreaves 利用了 1400 块面包片，通过烘烤、平铺的方式，展现了一幅伊丽莎白的马赛克画作。用类似的形式，《英国达人秀》也有人使用在面包上涂抹果酱的形式展现人物画像。而新西兰姑娘 Hazel Zakariya 则用奶昔作画，如图1-33所示。

　　艺术源于生活，生活处处存在着艺术，这个观点在葡萄牙视觉艺术家 Victor 身上得到印证。腰果是高血脂、冠心病患者的食疗佳果。当腰果碰上艺术大师，就产生了图1-34，腰果成为飞机的螺旋桨，成为过马路的老爷爷的背、小姑娘的头发、鱼的尾巴、人的嘴、牛的角和耳朵，成为一朵花，真的是非常有创意！

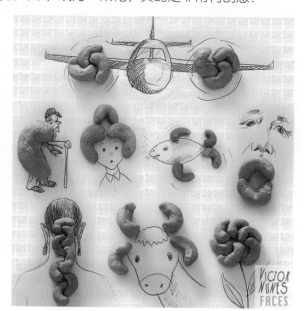

图 1-33　　　　　　　　　　　　　图 1-34

图 1-35 所示是意大利美食家 Diego Cusano 的作品，将西葫芦当作热气球的上半部分，将菜叶做成了女孩的裙子。

图 1-35

Josie 是一个素食主义者，她利用美味的水果和不同口味的巧克力等搭配出各种形式的令人垂涎欲滴的甜品，简直就像凡·高的印象派画作，如图 1-36 所示。

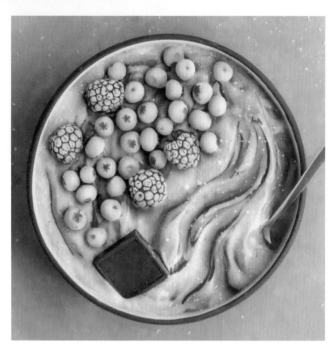

图 1-36

　　随着体验经济时代的来临，食客更加期待多元的饮食体验，食物以单一的形态、造型、品牌、色彩等方式呈现，会难以满足食客对食物物质、精神功能的需求。

　　就旅游业而言，吃、住、行、游、购、娱，六大旅游消费元素中"吃"排在第一位。过去旅游餐饮多是为了吃饱，如今品尝美食成为旅游的重要内容，一些人甚至愿意为一顿美食而开启一段旅程。美食能增加什么样的旅行体验？游客的美食需求能否得到满足？

　　当前游客更希望品尝使用当地独特食材、烹饪方式，具有当地文化底蕴、民俗风情的特色美食，并关注其历史文化内涵。目前市场上旅游美食同质化明显，说明旅游餐饮体验还有很大开发空间。美食体验盼升级，这对于振翅待飞的我们无疑是创新创业的又一机遇。

　　食物体验设计的最终目的是通过对食物以及食物相关事物的设计，提高饮食体验，以此吸引和打动食客，满足食客对食物的生理需求、审美需求、互动需求、情感需求等，并留下深刻的记忆。

SHIWU YU CHUANGXIN

第二章

食物与创新设计

第一节 食物与设计

一、食物与书籍

　　说到关于食物的书籍，去书店看看，烘焙类或是介绍各地美食的图书琳琅满目。但这并非食物书籍设计，而只是与食物相关的书籍。如何将真实的食物与书籍相结合来进行设计，这引起了人们的兴趣。

　　烘焙书难道不是用来烘焙，之后吃掉的书吗？这一角度引发了一位设计师的无限想象。他制作了一本真正的"烘焙书"，这本"书"可以进行烘焙并被人吃掉。"书"利用新鲜的意大利面制成每一页，并在每一页上都刻上了食谱。这本"书"不仅通过意面的雕刻来介绍烘焙的过程，甚至连"出版社""作者"都标注清楚，俨然是一本真正的出版物。在页面之间有酱料、奶酪、蔬菜等，人们通过"书"中食谱的步骤指引一层层地撒上配料。当制作好每一层，在"书"面上再撒点干奶酪点缀，放入烤箱烘焙后，拿出来便成为一本烘焙好可以享用的"书"了。这本"书"不再仅仅是指引人们烘焙的食谱，而俨然成为烘焙本身。

　　作为全球领先的厨房用品品牌，Tramontina 拥有完整的烧烤产品线，为了提高顾客的忠诚度和好感度，其发布了一本"烧烤圣经"（见图 2-1，图片来源于新浪网），来告诉顾客如何进行一场完美的烧烤。俗话说，读万卷书，不如行万里路，实践才能得真理。这本"烧烤圣经"就贯彻了这句话：封面是货真价实的砧板，内页有煤炭、引火纸、食盐、扇子、锡纸、磨刀纸、围裙、餐垫、抹布等，一本在手，只要来块肉就可以烧烤了。

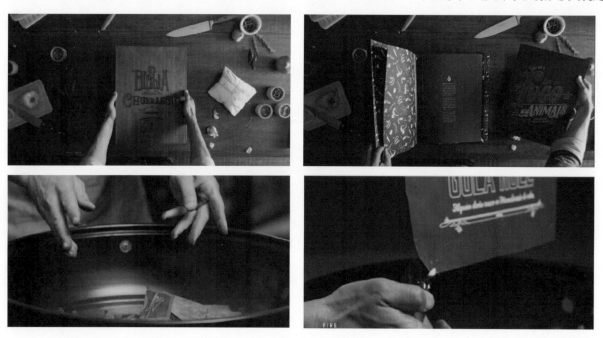

图 2-1

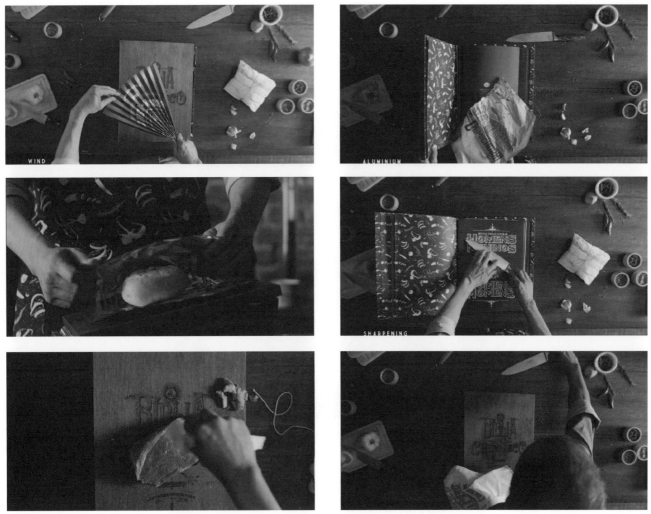

续图 2-1

《圣经》可以说是一本全世界都有名的书，这本"烧烤圣经"比一般的《圣经》厚得多，这是因为它每一页撕下来都是烧烤的必备工具。"书"的"第一章"是"开始篇"，分为木炭、引火、扇风三个"小节"。

翻过第一页，从"书"里面撕下一块明显厚得多的"纸"，用刀柄砸碎，就变成了木炭了，如图 2-2 所示（图片来源于新浪网）。

图 2-2

第二页的后面是一张红色的纸，摸起来很光滑，有某种油的味道，其实这就是一张引火用的纸，如图 2-3 所示（图片来源于新浪网）。

图 2-3

第三页后面是一张折叠过的纸，使用者只需要稍微折叠一下，一个小扇子就产生了，扇风的问题也解决了，如图 2-4 所示（图片来源于新浪网）。

图 2-4

再往后就是"第二章""烹饪篇"了，撕下一张银白色的纸，可以用它来包裹土豆，放在烧烤架上烧烤，因为这张纸是锡箔纸，如图 2-5 和图 2-6 所示（图片来源于新浪网）。

图 2-5

图 2-6

后面还有磨刀用的砂纸、沾满胡椒粉的纸、可以当作托盘用的木板等，如图 2-7 和图 2-8 所示（图片来源于新浪网）。封面其实是一块砧板，切肉用的，如图 2-9 所示（图片来源于新浪网）。"书"的最后一页是可以擦手或刀的纸。

图 2-7

图 2-8

图 2-9

信息时代，书籍制作不再单单是文字内容，也不只是插图配字，好的作品不仅要有简单的外观，更需要有清晰的理念。面向的人群不同，制作方式便不同。当今世界很多国家缺乏干净的饮用水，一些国家日常的饮用水都是从河流打来直接饮用。公益组织 WATER is LIFE 携手弗吉尼亚大学、卡内基梅隆大学的科学家们设计制作了一本号称可以饮用的书 *The Drinkable Book*，如图 2-10 所示。书中除了印有卫生保健指导信息外，每一页都是涂有银纳米粒子的滤纸，能够杀死水中大部分致病细菌，用来帮助缺乏清洁水源的地区。

图 2-10

　　这本书的每一页都有介绍如何滤水和一些基本的卫生知识。人们学习完后可以将该页撕下来（见图2-11），用来过滤出干净的饮用水，过滤出来的水基本能达到北美饮用水标准。每一张书页上都涂有一层纳米银粒子，可以有效杀死包括霍乱弧菌、伤寒杆菌以及大肠杆菌等水传染病菌。经过书页过滤的水质甚至可以与美国的可饮用自来水相媲美，可有效杀死水中 99.99% 的细菌。值得关注的是，*The Drinkable Book* 的使用方法也相当简单，就跟平常使用咖啡过滤器差不多。

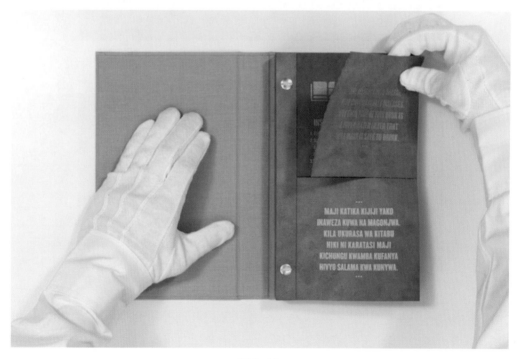

图 2-11

　　科学家说 *The Drinkable Book* 中的每页纸均可供一个人日常使用 30 天，而整本书则能连续提供一个人使用长达 4 年的清洁用水。其过滤过程如图 2-12 所示。

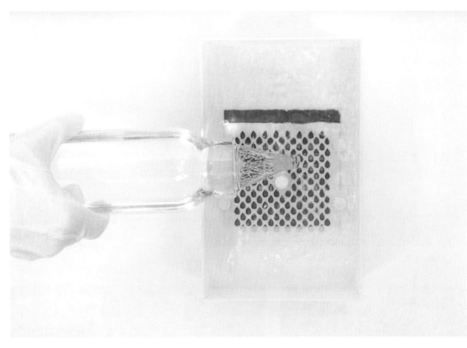

图 2-12

　　新时代的面食"书"考虑十分周全，既教你做，又不会有丝毫浪费。现代设计机构 KOREFE 就制作了这么一本面食"书"，教人们做意大利千层面，"书"的每一页都是一个步骤，最后把装满馅料的"书"放进烤箱中，美味的千层面就出炉了。

二、食物与品牌

　　"数据至上做策略，策略至上做定位，定位至上做设计"，这是我们做餐饮品牌塑造的大方针。食品或餐饮品牌达到视觉设计这一层面，意味着餐饮品牌塑造的躯干和气息已经贯通了。

　　我们在塑造餐饮品牌时需要了解餐饮品牌的构成要素都有哪些以及品牌设计中的误区。

　　首先是不能随心所欲，只满足创始人的喜好。

　　作为一名普通人，可以随心所欲地满足自己的审美和喜好；作为一个餐饮品牌的创始人，却不能把自我喜好强加给品牌，因为品牌是另外一个生命体，而不是创始人的自我克隆。

　　当创始人陷入自我喜好的误区中时，80% 的品牌将失去塑造的意义，只有在创始人既懂设计又懂顾客的极少数情况下才会获得成功。如何跳出创始人喜好的误区？创始人要记得一点：品牌最终是要交给目标顾客去检阅的，顾客是否喜爱才是焦点，创始人要做的就是让顾客喜欢品牌，而不是让自己喜欢自己的品牌。创始人应该把品牌和创始人分开去看待，把品牌当成一个独立的有生命的个体，让品牌依托品牌本身的定位和文化来完成视觉的塑造。

　　其次是不能盲目跟风，跟着市场热浪走。"潮流就像一阵风，我总是抓不住它的尾巴"，不少餐饮人有过这样的感慨。跟风，是餐饮人做品牌设计的第二大误区。面对强大的对手，一些餐饮人最大的"核武器"就三个字：我仿你。

　　傍名牌是餐饮行业的恶习，快时尚餐饮火的时候，满大街都在仿外婆家、绿茶。为此，外婆家不得不成立"打假团队"，联合律师，全国奔走，在江、浙、沪 3 地就打掉了 46 个假冒的"外婆家"。有些餐饮则只是模仿大品牌或者知名餐饮品牌的视觉形象，虽然不触碰法律底线，但依然不是正确的品牌设计姿态。比如工业风装修火热的时候，很多餐厅都变成了工业风，一夜之间满大街的工业风餐厅，有些餐厅也不考虑自身品牌调性，不管是中餐炒菜，还是火锅小吃，全部照搬工业风模式。当工业风越来越多的时候，顾客出现审美疲劳，这时候又出来了一大批"小确幸"风格的餐厅，满大街的清新风设计纷至沓来，不过这股清新风又随着下一个流行趋势的到来而逐步被替换，比如喜茶的高冷禅意风、无印良品的性冷淡风等。只有极少数餐饮最后成功了，因为它们在"仿"的路上拥有自己的创新精神，它们在借鉴中融入自身品牌文化，继而创造出"新物种"，超越被模仿者。

海底捞、西贝、巴奴等总是在借鉴中不断完善自己，从来不去跟风，而是靠着坚守品牌已定风格让自己成为风口。

请看图 2-13 所示的快餐品牌：大山深处这组 VI 设计，由翰品餐饮策划完成。大山深处是一家现炒自选简餐品牌，以大山生活与食材作为文化母体，重新定义品牌的生活方式，做大山深处的守护者和传承者，传递出山区独特的文化内涵。

图 2-13

品牌名称"大山深处"，一方面告知人们其食材是从大山来的，山区食材天然、健康，打造品牌信任背书；另一方面，这个名称也具有独特的想象空间，大山深处不仅有天然的食材，还有甘甜的泉水、欢脱的群鸟、芬芳的花朵等，使人联想到一个不为世俗打搅的世外桃源，传递出简餐不仅仅是满足温饱的食物，还能在其中感受大山深处的恬然舒适（见图 2-14）。

图 2-14

大山深处的 LOGO 以纯文字为主，光是从文字中，便可以进行多方面的联想，没有图案的限制，反而能让 LOGO 更加意味深长。大山深处的字体线条有着大山的浑厚，底下的拼音呈现出大山深处的优柔。"好食材大山来"的广告语，进一步突出大山深处的产品核心特点。从产品中提取出"真、香、甜、鲜、纯"的特点，传递出"来自大山的好食材 简餐不简单"的概念。

　　由大山深处的品牌故事联想到大山深处有人家，他们勤劳淳朴，日出而作，奋斗不息，用双手不断创造美好，这才有了从大山来的好食材，成就大山深处简餐。以此为内容创作了辅助图案，十分美好，如图2-15所示。

图 2-15

　　如图2-16和图2-17所示，采用国潮插画的表现风格，描绘大山深处一派欣欣向荣的样子，质朴在其中展露无遗。

图 2-16

图 2-17

　　塑造餐饮品牌时也要避免盲目的"颜值"至上。"我的餐厅'颜值'一定要高，一定要好看"，这是生活中常见的另一类餐饮人，可以把他们归类到"骄傲型人格"的行列，他们开餐厅恨不能"面朝大海，春暖花开"。有些餐厅花重金装修得非常漂亮、好看，但生意就是不温不火。这些餐饮品牌创始人的骨子里往往有股倔劲儿，别人很难改变他们的想法，他们经常感慨："我的餐厅这么漂亮，食物这么丰美，为什么顾客都不来呢？"这是因为创始人过分关注餐厅的"颜值"，而忽略了餐厅成功还需要的品牌力、产品力、运营力、营销力等其他因素的加持。

　　请看康美力餐饮品牌，由三个石头设计。

　　图 2-18 所示为康美力的 LOGO，图案是一双筷子放在一个橙色的餐盘上，对应快餐的属性；"康美力"三字构成另一个框，显得很是端正，拼音部分提取了 G 字母，加之一个圆形，让字体部分看起来没那么生硬。

图 2-18

　　如图 2-19 所示是 LOGO 不同的表现形式，橙色代表着年轻和活力，与品牌热爱生活的理念相符合。

图 2-19

　　如图 2-20 所示，将解剖的食材与标志相结合，肌理的效果让人们对标志的印象更为深刻，也不会觉得单调。

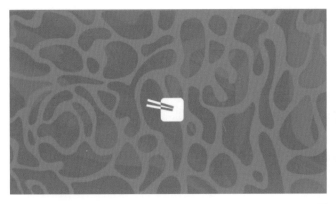
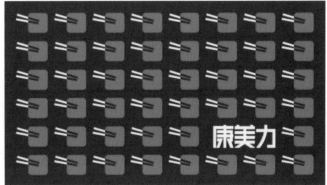

图 2-20

康美力餐饮品牌设计如图 2-21 所示。

图 2-21

对于很多都市"打工人"来说，很多时候快餐都是吃饭时的第一选择，因其有着便捷、快速、高效等特点，能在最短的时间内填饱肚子。康美力快餐品牌设计，准确抓住受众心理特征，以恰当的方式展示了自己的餐饮风格，给人留下贴近生活的、健康卫生的印象。

"定位在先，设计在后"是餐饮品牌设计的基本策略方法。其实只要理解了这个策略的真正内涵，就可以搞明白品牌设计中的误区。我们在定位层面可以梳理清楚所有关于品牌设计的提炼元素，无论是品牌调研，还是品牌命名、品牌调性、品牌口号、品牌文案，都是品牌设计的依据。品牌名称及品牌调性决定了视觉设计的方向和风格，品牌口号和品牌文案决定了视觉设计的画面表现。

三、食物与食器

工业设计与食物的关联主要是食器，在《食物与设计》一书中已讨论过现代食器设计，本小节主要讨论食器与我国传统文化的关系。古人把吃饭当成生活中的头等大事，所以才会有"民以食为天"之说。他们在日常生活中，给许许多多日常实用器物注入了灵魂。我们知道中国传统文化中有万千雅物，而古人在表现生活的趣味以及食物的美好上，可谓匠心独具，他们可以通过一方方糕点、一碗碗汤羹、一盘盘佳肴来凸显精美细致、古色古香的食器，带给食者古朴静雅、美观华丽的感觉。

图 2-22 所示的食盒是古时民间大量使用的盛放食物的用具，随着时代的发展和变迁，已经从今人的生活当中完全淡出，成为古玩市场上的一项藏品。在遥远的古代，士绅名流，出门访友，或者参加诗社、文社的活动，需要与至交好友把酒言欢，常会事先准备一些肴食果品，作为助兴的下酒菜。初春时节，文人士大夫出门踏青郊游，也会携带酒菜以备野餐。食盒就是专门用来盛放食物、便于携带行走的长方形盒子，有木、竹、珐琅、漆器等材质，其中以木质的居多。尤其是紫檀、黄花梨、鸡翅木、酸枝等纹理细密、色泽光润的硬木，坚固而有韧性，制成的食盒耐磕碰，又具有一定的重量，在挑、提的时候不易晃荡。加之古时的家具多为榫卯结构，硬木在拼接、制作时有着得天独厚的优势。做工精巧的硬木食盒，不仅可以做到滴水不漏，而且能在外观上充分利用木料固有的纹理色泽，给人一种典雅庄重之感，既美观又实用。

图 2-22

不同材质的食盒如图 2-23 所示。

图 2-23

　　食盒是酒肆饭店以及富贵人家常用的器物，它作为一种特殊物件，是家族的共同财产，制作特别讲究，一个家族地位、威望的高低及富有程度往往可通过食盒反映出来。

　　食盒除了能装饭菜，还能放卷轴、笔墨、梳子、镜子等其他物品。明清时期，文人雅士出游的食盒（见图 2-24）里，除了吃的，还会装上笔墨纸砚、书籍手稿。有时候，甚至会装上梳子、铜镜。虽然古代男子甚少化妆，但蓄着长发的他们，总需要整理下头发和衣冠。此时，食盒大概相当于男人的"梳妆盒"，是明清文人雅士书房的必备品。

图 2-24

　　食盒按功能又可以分为捧盒、攒盒、提盒。捧盒（见图 2-25）是清朝鼎盛时期盛行的一种实用器具，样式很多，在宫廷和民间都很盛行。它具有一定的礼仪性。

图 2-25

　　皇帝过生日，臣子送礼必须放捧盒里呈送，一来正式，二来保护隐私。帝王嘉奖内侍小食，也是用捧盒盛出赐予。官宦人家上菜，用的也是捧盒，既可避免食物太烫导致端拿不便，又能保温和防止落尘。作为手捧的器皿，捧盒材质要轻，但又要有隔热保温的作用，多为瓷、漆、木，偶有珐琅和金属。造型则以便于捧持为主，主要有扁圆形、方形、钟形、六边形、八边形、桃形、荷叶形、牡丹形等。

　　攒盒（见图 2-26）是装果脯、瓜子的一种分格盒子。外形与捧盒区别不大，但里面分成许多小格子，每个格子中有一个小盒子，取"攒"字的"聚拢"之意。一般是中间一格，周围再分成多格。同样作为手捧器皿，攒盒的材质更轻便，且不需隔热保温，所以多是纸胎、木胎漆盒。

图 2-26

　　古装剧中最常见的食盒就是提盒（见图 2-27）。它用对称的提梁托着盒子，一只手就可以拎着带走。提盒出现得较早，早期是商铺和饭馆用来运送食物的。当时不过是两根提梁，加几层格子，材质不是白木涂漆，就是竹编而成，都很粗糙。直到明清，文人对它产生了兴趣，参与设计，提盒才精巧起来。尤其是硬木质长方形提盒，坚固有韧性，不但耐碰撞，且带有一定自重，无论挑、提都不会乱晃，即使是汤汤水水放在盒内也不会倾翻。小型提盒只需一只手提着，大部分电视剧中的食盒都属于小型提盒。到后期小型提盒多用紫檀、黄花梨等贵重木材制成，讲究的还有雕漆或百宝嵌装饰。此时，食盒已不用作盛食物，而是作为贮藏玉石印章、小件文玩之具。值得说明的是，食盒最早出现在宋朝，宋朝以前，外出带饭菜多用囊袋，"酒囊饭袋"一词正是源于此。这也就是说明清之前，外出携带食盒并不盛行。

图 2-27

　　宋朝是大文豪"批量生产"的时代，是中国古代文人知识分子，遇到的最好的时代。赵匡胤的勒石三戒，其中有一条最重要的原则就是不杀知识分子。不但不杀知识分子，而且不挤兑知识分子，不但不挤兑，而且对知识分子总是委以重任。当时武官见到文官很多时候都是跪着说话的。所以我们说那是一个文人的时代。皇帝宠着他们，官家捧着他们，民间膜拜他们。因为"重文轻武"，宋朝的经济文化水平达到了前所未有的高度，促进了科技生产力的发展，陶瓷、漆器、铜器、印刷术、字画、瓷器，都保持了当时世界最高水平。宋朝餐具如图 2-28 所示。宋代文人墨客郊游普遍使用"游山器"，而这个所谓的游山器，是由竹编而成，坚固、轻巧，方便携带干粮、酒水、换洗衣物，甚至是整套上好的茶具。正所谓 "上公遗我游嵩具，匜盥杯盂色色全。" 由此可见游山器即为食盒的雏形。

图 2-28

　　一九九一年，四川省遂宁市金鱼村出土了一批南宋窖藏瓷器，现收藏在遂宁市博物馆（四川宋瓷博物馆）。这批瓷器以江西景德镇青白瓷和浙江龙泉窑青瓷为大宗，还有少量的河北定窑、陕西耀州窑、四川磁峰窑、四川广元窑、重庆清溪窑等窑口的瓷器，共计九百八十五件，是迄今国内发现的最大一宗宋瓷窖藏。如图 2-29 所示为南宋景德镇窑青白釉刻花卷草纹带盖瓷梅瓶、景德镇窑青白釉印花大雁纹芒口瓷碟、龙泉窑青釉素面斜直腹瓷斗笠碗。这批瓷器不仅数量多，而且大部分都保存完整，且品质优良、制作精美。一九九六年，经国家文物局专家组鉴定，九百八十五件瓷器均被定为国家一、二、三级文物，其中一级文物就达二十九件。这宗窖藏瓷器的器型也十分丰富，除常见的碗、盘、杯、碟、盏等饮食器具外，还有簋、炉、尊、瓶等陈设器具和笔洗、砚滴等文房用具，等等，基本涵盖了宋人的日常生活用瓷。饮食乃人的基本需求，这九百八十五件瓷器中饮食用具就超过八百件。

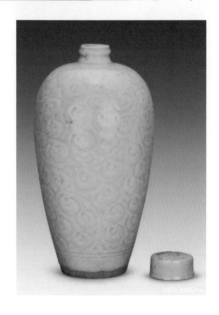

图 2-29

　　宋人的餐饮用具一般包括哪些呢？对此，《东京梦华录》中有简单的记载："凡酒店中不问何人，止两人对坐饮酒，亦须用注碗一副，盘盏两副，果菜碟各五片，水菜碗三五只。"如图 2-30 所示为南宋磁峰窑白釉印花大雁荷花纹深腹瓷碗和龙泉窑青釉刻花莲瓣敛口斜腹瓷碗。注碗是酒具，指的是酒注和温碗。宋代虽然已经出现了高度数的蒸馏酒，但是市面上流通的主要还是黄酒。喝过黄酒的人都知道，黄酒适当加热后，不仅可以使酒中的部分有害物挥发掉，酒的口感也会更好。遂宁金鱼村出土的景德镇窑青白釉双系敞口曲流椭圆形腹注子（残）（见图 2-31（a）），就深得烫酒之要，最薄处仅三毫米，酒注还设计有一扁平的执柄，方便"对坐饮酒"时斟酒，更为难得的是，为防止斟酒时美酒洒出，其曲流的流口与壶口几乎在同一水平线上，体现了制瓷技术的高超非凡。殊为可惜的是，由于器物太薄，这只酒注在出土时就已经被泥土压成碎片，现在看见的是出土后拼接而成。图 2-31（b）所示为龙泉窑青釉龙耳簋式瓷炉（残），图 2-31（c）所示为龙泉窑青釉葫芦形注子。葫芦形源于古人的生育崇拜，葫芦藤蔓绵延，不仅产量高，而且葫芦内部还有很多种子，符合古人渴求生殖繁衍、子孙满堂的原始需求；葫芦谐音福禄、护禄，也具有良好的寓意，所以深得古人喜爱。这件葫芦形酒注，圆唇，直颈小口，上半部呈梨形，下半部呈圆形，中腰直而明显。长流微曲，位于下半葫芦的上腹部，流端略残。通体施粉青釉，釉层滋润肥厚，分布着淡淡的褐色开片。整体造型端庄流畅，更有一种清新活泼的韵味，是一件具有观赏性、实用性且富含美好寓意的佳作。

图 2-30

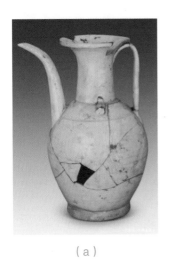

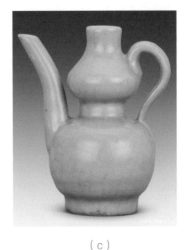

（a）　　　　　　　　　　（b）　　　　　　　　　　（c）

图 2-31

　　以上是我国的食盒、酒具等，我们再来看看用来吃饭的餐具。中国人用勺子的历史大概有 8000 年，用叉子的历史约 4000 年，用筷子的时间上限还不确定，但至少已有 3000 年的历史，勺子和筷子在先秦时的分工很明确，勺子用来吃饭，筷子用来吃羹里头的菜。筷子如图 2-32 所示。

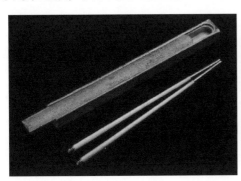
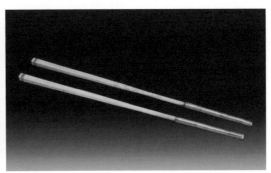

图 2-32

　　筷子在先秦时代称为"梜"，汉代时已称"箸"，明代开始称"筷"。"箸"字的繁体写法是"筯"。从读音和字形上，就可以看出，筷子最原始的作用是帮助进食，并非必不可少的进餐工具。筷子的标准长度是七寸六分（约 25 厘米），代表人有七情六欲，以示人与动物有本质的不同。

　　民间关于筷子的传说也不少，一说姜子牙受神鸟启示发明丝竹筷，一说妲己为讨纣王欢心而用玉簪作筷，还有大禹治水时为节约时间以树枝捞取热食而发明筷子的传说。我国公元前 1144 年前后，也就是说在 3100 多年前的中国已出现了精致的象牙箸，他的主人为纣王。筷子的不同形态如图 2-33 所示。

图 2-33

传说姜子牙只会直钩钓鱼，其他什么事都不会干，生活过得十分困苦。他的老婆觉得跟姜子牙过下去实在是没有盼头了，就想将他害死另嫁他人。

这天，姜子牙又两手空空地回到家中，老婆端过一碗肉对他说："饿了吗？我给你烧了肉，你吃吧！"累了一天的姜子牙这时确实饿了，于是伸出手就去抓碗里的肉。突然窗外飞来一只鸟，猛地啄了他一口，疼得子牙直咧嘴。当他赶走鸟，第二次去拿肉的时候，鸟又飞过来对着他的手背狠狠地啄了一下。于是姜子牙产生了疑惑，这只鸟为什么要连续两次啄我呢？难道这是块不能吃的肉？为了试一下到底是什么原因，他又第三次去抓碗里的那块肉，果不其然，那只鸟又飞了过来，张嘴啄他。姜子牙知道这一定是只神鸟，于是装着赶鸟的样子追出门去，一直追到一个没有人的山坡上。神鸟栖在一丛细竹竿上，朝着子牙鸣唱道："姜子牙呀姜子牙，吃肉不可用手抓，夹肉就在我脚下……"姜子牙听了神鸟的指点，忙折了两根细竹枝回到家中。老婆见他回来，又忙不迭地催他吃肉，姜子牙随即将手中的两根细竹枝伸进碗中夹肉，这时细竹枝的前端冒出一股青烟。姜子牙见了，假装不知肉里被放了毒，对他老婆说："这块肉怎么会平白无故地冒烟呢？难道其中有毒？"说着，姜子牙夹起肉就向老婆嘴里送。老婆大惊，跳起身来逃出门去。

姜子牙就此明白，这两根细竹枝是神鸟送的神竹，任何毒物都能验出来，从此每餐都用两根细竹进餐。此事传出后，不但他老婆不敢再下毒，而且街坊邻居也纷纷学着用竹枝吃饭。后来效仿的人越来越多，用筷吃饭的习俗也就一代代传了下来。

商纣王的亡国遭遇，或许跟象牙筷没有必然的联系，但后来的各个朝代，筷子始终是达官贵人显富的工具，从夏商时期的象牙筷和玉筷，到后来使用贵重材料的青铜、金、银筷，再到雕花、镶金工艺的出现，再加上虬角筷托、鲨鱼皮筷筒，小小的筷子，呈现了独特的民族风格和巧夺天工的工艺技能。

豪华精美名贵的筷子，不仅是贵族追求物质享乐的一种方式，还始终是权力和财富的象征。唐玄宗奖励丞相宋璟一双自己使用过的金筷，说："我不是想赐给你金子，而是通过赐你筷子，表扬你的正直。"南朝的刘裕也给大臣沈庆之赐过筷子和金缕等物，表达自己对他的宠信。在民间，筷子的使用不但有各种禁忌，也在礼俗活动中担任着重要的角色。"插箸祭天""摆筷敬神""献饭祭祖"等都是以筷子为中心的祭祀活动。在不少民族的婚俗中，筷子也具有许多美好的象征意义。筷子虽是日常用品，但深入人们生活的方方面面。

刀叉是西方饮食文化的著名标志，更是西方礼仪文化的重要组成部分。西餐与中餐相比，西餐礼仪的烦琐复杂可不仅仅是刀叉和筷子的区别（见图2-34），西餐中的刀叉餐具的文化属性更加深刻。餐饮器具伴随着人类文明的发展而发展，餐饮器具背后所体现的社会功能和文化属性的不同，也是现代社会文明和不同地区民族文化既各不相同又相互交流融合的根源。

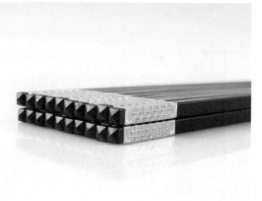

图2-34

第二节　食物与创新

一、食物与服装

　　食物与服装看似毫不相干，两者似乎并不会产生什么共同点，当下人们如若提到食物在服装设计中的应用，多数人想到的无非是在衬衫上印上草莓、柠檬等图案，或者只是稍稍有些相似的西瓜帽。事实上，食物在服装设计中的应用远不局限于此。食物给人的感受是温暖、美好、甜蜜的，一天工作结束回家后家中可口的饭菜，饥肠辘辘时的一碗拉面，家人朋友生日分享的一块蛋糕，都会给人留下美好的回忆。衣服的作用除了遮体避寒之外，做工精良的衣服能提高一个人的气质，不同类型的服装带给人不同的感受，比如美好、舒适、干练等。食物与服装都能给人们带来美好、开心的心情。将食物的特点应用于服装之中，是以另一种方式展现食物，也是以另一种方式诠释服装。

　　将食物的外形与颜色运用到服装设计上面，如图 2-35 所示，设计师直接从食物上寻找设计灵感。

图 2-35

　　从主食上也可以吸纳配色方案，从餐盘美到身上，如图 2-36 所示。

图 2-36

餐后甜品，是从内心开始享受生活，如图 2-37 所示。

图 2-37

不知从什么时候开始，日本的极简、性冷淡的设计风格为大众所熟知并受到欢迎。但其实日本设计要比我们想象得更全面，比如吉田，就是一位擅长运用瑰丽的色彩、简洁的构图，营造出大胆又超写实的效果的新锐平面设计师。吉田和可爱率直的渡边直美合作，设计出的一系列作品，让人印象深刻。比如双脚化身为鲜艳的口红，或是成为餐桌上的食物，又或是夸张被压碎的楼板。还有如图 2-38 所示的这道可口的"小笼包"和发卷寿司，同时呈现了可口与美观两种感官。

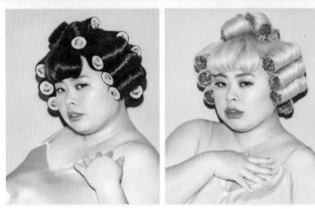

图 2-38

水果不仅仅可以用来吃，还可以如此"好色"，如图 2-39 所示（吉田作品）。

图 2-39

　　2010 年，Lady Gaga 身穿肉片出席 MTV 音乐录影带大奖颁奖典礼。这条性感晚宴裙是由数十斤新鲜牛肉制成的，设计师是洛杉矶著名时装设计师弗兰克·费尔南德斯，他还为这套晚宴裙搭配制作了鲜肉帽子、手包以及靴子。

　　这完全是食物"肉"与服装的结合，设计师不是单纯地采用了肉的形态纹理，而是直接使用鲜肉，甚至绑鞋的那些绑绳都是肉店捆肉用的，采用了衣服的外观、肉的实质。它具备食物的特性——不易于保存，这是件消耗品，与其他常见服装不同，随着时间的推移，这身肉片服装会越来越干，就像风干牛肉一样。

　　来自澳大利亚的艺术家 Phil Ferguson 自己做了一套可爱的食物形状的毛线帽，还晒在了博客上。戴上这套帽子，他仿佛变成了行走的食物货架，配上他标志性的颓丧的表情，整个人显得富有童真，可爱了许多，如图 2-40 所示。

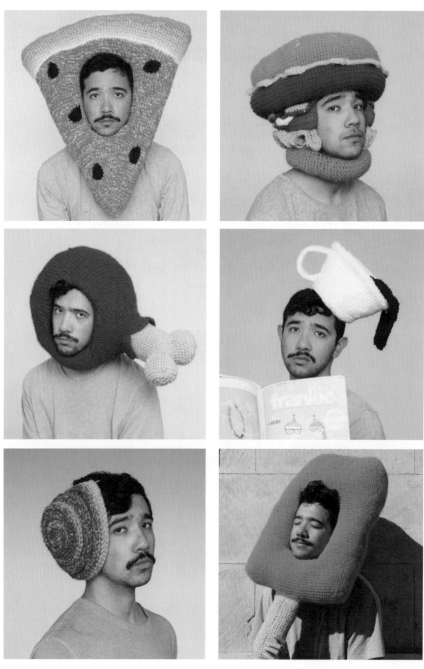

图 2-40

　　同样充满童心的还有时尚插画家 Gretchen Roehrs，她用食物完成了一组超有创意的时装插画。据说她创作的灵感来源于居住的城市纽约，她将纽约女性独立、时尚的魅力融入了作品之中。画中的女孩仿佛真的将香蕉、西瓜、紫甘蓝、樱桃等穿在身上，食物的纹路与线条也非常生动与契合，不仅时尚，而且十分可爱，如图 2-41 所示。

图 2-41

　　有了服装，怎能少了配饰？松饼耳坠、蛋糕卷皮筋如图 2-42 所示。

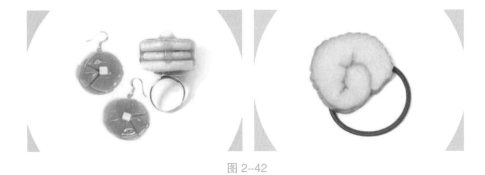

图 2-42

　　香蕉发夹、培根手镯、薯条耳坠、煎蛋领带夹如图 2-43 所示。

图 2-43

二、食物与音乐

法国设计师和音乐家在一个剧场完成了一个用巧克力制作的可以播放的黑胶唱片的创作。这张唱片是无法重复播放的，在音乐播放结束，大家可以共同分享，吃掉巧克力唱片。这个跨界的合作，不仅实现了播放音乐的目的，也达到了食物食用的基本要求，真正完美融合了音乐与食物两者，如图 2-44 所示。

图 2-44

虽然仅仅是为了好玩，但是发现巧克力唱片的音质出奇得好。在开始的阶段， Drouhin 可以让每个巧克力唱片播放 10 次，但是因为毕竟是巧克力做的唱片，所以它的使用次数还是非常有限的。后来， Drouhin 想到了一个简单的解决方法：那就是吃掉它！你可以看看它，听听它，闻闻它，也可以把它分享给朋友，当然也可以吃掉它。这是一张多功能的唱片。

据说这是行动的力量，不断的设计和调整才让 Drouhin 发现巧克力原来是这么好玩。Drouhin 和一个塔斯马尼亚的雕刻家一起设计了最初的唱片模型，一个爱尔兰巧克力师帮助她找到了可以做唱片的巧克力，如图 2-45 所示。这个爱尔兰巧克力师解释说，这种巧克力的质感和蜡非常接近，这也是它可以做成巧克力唱片最主要的原因。Drouhin 说："我想要一个可以自动淡出的唱片，就像手机上可以定时关闭的音乐那样。所以做出来之后我就知道这对我来说是一个特殊的时刻，因为它是不可预测的，有一定的未知性。"

图 2-45

　　制作的过程实际上并不难，Drouhin 首先制作了原始黑胶唱片的模型。然后，她将液态的巧克力倒进模子里，让它变干，然后让它冻结，由此巧克力唱片就产生了。

　　事实上，Drouhin 对制作一种可以长期保存并且重复播放的唱片并不感兴趣。"我一直对那种有趣的聆听世界的方式很感兴趣"Drouhin 解释道，"我想做巧克力唱片，是因为我喜欢巧克力，它很甜，也很短暂，它也会在播放时一边播放一边融化。"

　　与之类似的还有瑞典乐队 Shout Out Louds 发布的冰做的唱片，如图 2-46 所示。2013 年 2 月，瑞典知名摇滚乐队 Shout Out Louds 准备推出他们的最新单曲 Blue Ice。沉寂三年多未发新歌，好不容易才酝酿出的精品，自然要多花些功夫才行，他们决定找营销创意机构 TBWA 来帮忙。

图 2-46

　　音乐界人才辈出，新星不断涌现，竞争异常激烈，音乐人不得不各出奇招。Linkin Park 乐队抓取 Facebook 上的粉丝相册制作新单曲 Lost in the Echo 的 MV。为了增加新专辑 ARTPOP 的卖点，Lady Gaga 甚至找人花费 6 个月为自己研发了一种可以发光的假发。

　　如何才能既传达 Shout Out Louds 新单曲的内涵，又与众不同呢？TBWA 着实为此动了一番脑筋。既然新单曲名为 Blue Ice（蓝冰），何不干脆在这曲名上下功夫？比如说，用冰做成唱片？这个点子实在难以割舍，用冰做成的唱片，不但与 Blue Ice 的曲名宛如天作之合，一定也会让歌迷们大吃一惊，毕竟谁也没有见过。单就这股新鲜劲儿，传播效果便也不愁了。

TBWA 最后决定 DIY！他们将办公室变成了化学实验室。为了解决冰里面的气泡问题，他们尝试了多种液体、干燥技术和模型，屡遭挫折，最终才发现可以用蒸馏水来制造音轨，唯有这样才能保证很高的清晰度和平整的表面。于是，在为 Shout Out Louds 量身定制的限量版音乐礼盒中，便有了我们看到的这两样：一块薄薄的唱片底模、一瓶蒸馏水。只需将蒸馏水倒进底模中，再将它放入冰箱冷冻，脱模后便能得到一张冰块唱片，放到电唱机上就可以听到 *Blue Ice* 了，如图 2-47 所示。

图 2-47

TBWA 这一创意背后的营销原理是什么呢？套用《引爆流行》（*The Tipping Point*）的作者马尔科姆·格拉德威尔的话说，铁杆的歌迷和最有影响力的新闻媒体即"个别人物法则"（the law of few），而用冰做成的特别的唱片即"附着力法则"（stickness factor）。

马尔科姆在研究分析各类流行潮后发现，正如流行病爆发需要传染源、传播途径、易感人群三个条件一样，引爆社会流行潮也需要三个条件：个别人物法则、附着力法则和环境威力法则（power of context）。其中，个别人物法则认为，在社会流行潮的传播过程中，某些人比其他人的作用更为重要，这些人通常充当三种角色：内行、联系员和推销员。内行相当于数据库，为大家提供信息；联系员是黏合剂，将信息传播到各处，把全世界的人联系起来；推销员则负责"最后一公里"，说服人们接受该信息。

附着力法则认为，同等条件下，信息的附着力越高，引爆流行的可能性越大。而环境威力法则认为，同一信息、同一传播者，在一种环境下能发展成流行潮，而在其他环境下则不能。或者说，社会流行潮可能肇始于某些个别人物的行为，但是更多的则源自社会群体交互影响所形成的合力。

　　这就是当今时代的设计，无时无刻不与营销挂钩，我们需要谨记"设计＋营销＝成功"法则。近年来，跨界营销的热度从未衰减。在快消品领域，饮料、零食与潮牌、美妆，甚至与综艺、影视等这种原本八竿子打不着的品类之间，以跨界营销为纽带，彼此之间的互动越来越频繁。当然，跨界营销带来的话题效应，相关产品上线即"秒光"的共鸣效应，让各大品牌对此也是乐此不疲。

　　热闹的跨界营销有旺旺卫衣、老干妈登上时装周、大白兔香水、雪碧与江小白联名礼盒（见图2-48），等等，跨界营销一直是整个快消品行业热衷的营销手段。

图 2-48

　　作为跨界营销的高手，农夫山泉在几年前就联合网易云音乐推出限量款"乐瓶"，精选30条乐评，先后印制在6亿瓶农夫山泉饮用天然水瓶身上，在北京、上海、杭州等全国69个城市首发。每一瓶水都自带音乐和故事，每条乐评背后都有一个打动人心的故事，被赋予不同饮水心情的瓶子自然引发了消费者的情感共鸣。同时"乐瓶"增加了AR环节，让互动更为炫酷。值得一提的是，这也是农夫山泉史上首次开放最核心产品进行营销合作。

　　如图2-49所示，农夫山泉和网易云音乐联合打造的"乐瓶"从外形上看，除了人们熟悉的农夫山泉标志外，"乐瓶"瓶身还点缀着网易云音乐黑胶唱片的图案、播放界面的进度条、"999+"的评论元素，充满乐感。

图 2-49

还记得那个"扭一扭，舔一舔，泡一泡"的奥利奥吗？它变了，它不再只是一块能吃的饼干，有了"黑科技"加持的它，推出了自己的黑胶机，如图 2-50 所示。

图 2-50

奥利奥音乐盒七夕特别版包装利用栅格动画的视觉差，将盒子慢慢打开，就能看到一颗扑通扑通跳动的心，里面装有 1 个音乐盒，还有奥利奥饼干，如图 2-51 所示。

图 2-51

把饼干放在音乐盒上，将唱臂拨到中间，就可以听音乐了。七夕定制版内有 5 首专属的浪漫歌曲，如图 2-52 所示，咬一口，换一首音乐。音乐盒采用光感应技术，遮住数量不同的光敏电阻，就会播放不同的歌曲。

图 2-52

　　把饼干放在音乐盒上，将唱臂拨到中间，按下按钮，绿灯亮起就可以开始录音。结束时，再按按钮，此时红灯亮起，表示录制完毕。逆时针旋转唱臂，录音就已经保存上了。还采用 AR 技术实现 3D 版动画 MV，不同主题音乐盒搭配不同 MV 版本，如图 2-53 所示。

图 2-53

　　好的跨界联名并不亚于一个好的创意，很多时候，品牌联名的意义并不在于售卖，更多的意义在于它的传播属性、社交属性，以及满足用户的猎奇需求。

以农夫山泉与网易云音乐的跨界营销为例（见图2-54）。网易云音乐拥有4亿用户及4亿条用户音乐评论；农夫山泉是中国领先的快消品牌，深入广泛的线下渠道及6亿瓶合作款让这个合作充满想象力。

图 2-54

"乐瓶"上线后，引发了用户、媒体、广告、行业端的持续关注，超过1500家媒体参与报道，产生总阅读量近200万，其中覆盖的主流广告营销、文化情感、音乐、黑科技、本地生活和科技公众号达到600余家。同时，"乐瓶"项目也为网易云音乐和农夫山泉带来了真正的实效。在传播期初期，网易云音乐及农夫山泉两个品牌的微信指数日环比上升均保持在100%以上，后期一段周期内均保持指数日环比上升在40%以上。

根据2018年12月腾讯与凯度消费者指数联合发布的《Z世代消费力白皮书》，中国拥有世界上最庞大的Z世代人群（1995—2009年间出生的人）——1.49亿人，到2020年，Z世代将占据整体消费力的40%，相当于每100元的消费中至少有40元来自"95后""00后"。很显然，Z世代无疑是未来消费的主力军。

对于这一消费群体而言，选购产品时，味道及品尝体验的确非常重要，但围绕其而产生的各种各样的增值乐趣也同样重要，而跨界营销很好地满足了Z世代人群的多样化消费诉求。各大企业也深知谁能抢占这一消费群体的心智，谁就能在未来的市场中占得先机，这才是各大品牌对此乐此不疲的重要原因。

三、食物与影视

食物在电影中的呈现模式随着电影的诞生而出现并一以贯之，电影的开拓者卢米埃尔兄弟1895年拍摄的电影《婴儿的午餐》，开创了在电影中展现饮食文化的先河。近年来，一部《长安十二时辰》的热播不仅让"长安"成为网络热词，也因剧中张小敬吃的水盆羊肉、火晶柿子、手抓羊肉等长安美食都具有极高的还原度，而让更多人开始关注大唐美食及饮食文化的形成，如图2-55所示。

图 2-55

《长安十二时辰》一剧中出现最多的唐代外来饮食是"胡食"，其中包括胡饼，即芝麻烧饼，中间夹以肉馅，据说是波斯人发明的一种食物，是经丝绸之路传入我国的一种"西餐"主食。在唐代，胡饼成了人们日常的主食，白居易也曾得意于长安的胡饼，专门给他的老朋友杨万州寄去让他打打牙祭："胡麻饼样学京都，面脆油香新出炉。"

以食物为题材的电影无外乎以下几类。

第一类是表达种种感情，一部好看的饮食电影似乎少不了我们所熟悉的亲、友、爱三情，虽然在不同的故事里它们各有轻重、详略不一。当代的饮食电影似乎是越来越有意地要把这三者（或者其中任意两者）糅合在一起，以丰富感情线索，增加叙事的层次，进而制造出某种让人纠结的复杂情绪，以及令人回味的深度。

电影《美味情缘》（见图2-56）中由泽塔-琼斯饰演的凯特是纽约一间餐厅的大厨、工作狂。她的姐姐突然在一次车祸意外中离世，留下年幼的女儿，只能由她来照顾，但她跟小女孩相处得并不顺利。这时出现了一位生性浪漫而且厨艺出众的意大利厨师尼克，凯特本来对他并无好感，甚至充满敌意。但因为他知道如何用食物逗小女孩开心，凯特才渐渐接受他并且和他走到了一起。

图 2-56

在电影的框架下，一个有关食物的故事从不局限于食物本身，而是扩展出各种关系、感情，甚至感觉、记忆。

在这一点上，《地中海厨娘》（见图2-57）可谓做到了极致，其中交错、融合的"三情"也是前所未有的复杂。故事以回忆的口吻开始，讲述了女主角索菲亚的父母如何生下她并且让她在自家经营的小餐馆里长大，在同伴帮助下实现梦想。电影里亲情、友情、爱情相互纠缠，感觉、记忆、梦想也常常交织在一起，而所有这一切的原点和终点只有一个——食物。

图 2-57

脱胎自真实故事和同名小说的《美食、祈祷和恋爱》如图2-58所示，它是一部女性励志电影。影片中女

主角伊丽莎白与丈夫过着令人艳羡的标准中产生活，然而她却得了中产阶层的常见病——"空虚症"，丢失了生活的方向和意义。于是她决定走出家庭与婚姻，独自寻找新的视觉、味觉、感情以及心灵体验。片中的异域风情、自然景观、热带饮食、瑜伽冥想等让她远离城市、阶层、关系、社交，从而过上了某种充满新奇感与灵性的生活。

图 2-58

第二类是饮食里的学术，尽管饮食听起来不像一门学问，但确实有饮食人类学这一学科门类（见图2-59）。它的研究重点多数情况下并不在食品本身，人类学家是借由饮食这一领域，来解决本学科内长期关心的历史、文化、社会等问题。

图 2-59

饮食人类学，顾名思义，是以饮食为研究对象。不过，针对具体的研究对象，学者的意见并不统一，各有侧重。宁夏大学政法学院教授李德宽介绍说，美国学者马文·哈里斯的研究侧重于与食物选择有关的生态构成理性分析；日本学者祖父江孝男则认为食物的获取属于科学研究的范畴，饮食人类学应侧重"文化和社会层面"的研究；德国学者希施菲尔德则认为，饮食人类学研究的核心对象是"吃东西的场合"。

人类学家通过分析食物在某一特殊人群或族群中的获取、生产、制作、消耗等现象，分析阐释与食物系统相关的认知系统、生态系统，以及饮食体系与政治、经济、道德、伦理等领域的联系。中国文学人类学研究会会长、中国社会科学院研究员叶舒宪说，《舌尖上的中国》就是一个很好的例子，它运用饮食人类学方法，展示了中国多民族饮食习惯及其蕴含的文化差异与地域差异。

在电影《饮食男女》（见图2-60）里，多位主角都有国际化的背景设置，但影片中出现的食物却清一色都是中国菜，而且是大菜、名菜。而《饮食男女2》里却能发现一些时髦的新话语，譬如素食、"简单美"以及记忆，完全是一个围绕着素食而展开的故事。在《饮食男女2》的最后，打动人心的不是什么珍馐，而是一道普普通通的菜，蕴含青春、初恋、回忆。

图 2-60

第三类是表述饮食的文化。大型电视纪录片《舌尖上的中国》（见图2-61），能够在当今引起轰动，其原因在于用影视媒介特有的形象性、快捷性、大众性、声画一体化的优势，对一个人、一个家庭和一个村庄这些微观元素进行记录和书写，每一个鲜活的个体背后都洋溢着朴实的气息，展示了中国饮食文化的丰富多彩，片子里那些辛勤劳动、有着质朴笑容的人们，组成了这个国家最重要、最真实的存在。而让每个观众如身临其境地"参与观察和体验"，更具有亲切感，易于接受，较好地实现了中国文化等宏大主题的当代表述。

图 2-61

准确地说，电影里的饮食文化试图比较各国对饮食的呈现方式，以揣度人们对"吃"的态度。法国人似乎特别钟情于所谓的高级料理，有些食材似乎天然地就比别的食材高级、名贵，只能供王公贵族享用，比如鱼翅、燕窝等。无论是哪部饮食电影，其本质核心都离不开"食"的意义。看的是电影，品的是电影中食物背后的意义，电影《美食家》（见图2-62）是一个典型。

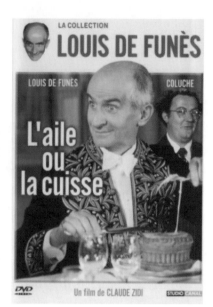

图 2-62

近年来，随着影视热播剧的增多，影视 IP 开始受到各行各业的广泛关注。比如《知否知否应是绿肥红瘦》播出后便成为整个社会探讨的热门话题。如今的市场竞争非常激烈，而 IP 和食品产业的紧密结合与能量爆发，为食品行业带来了很多影响。

为了紧随影视 IP 热点，康师傅联名《知否知否应是绿肥红瘦》将主要人物打造成动漫 IP，定制开发了四款零食新品，如图 2-63 所示。食品中的 IP，无论是行业人还是消费者，其更多地认为是动画片、漫画或自创等，而企业往往还关注青少年到青年阶段热衷追捧的 IP 元素。近年来，具有庞大的粉丝基础的明星形象、电视剧中人物形象自然也成为一种热门 IP，借助其形象，可为产品带来更高的销量转化。《延禧攻略》IP 产品如图 2-64 所示。

图 2-63

图 2-64

四、食物与 AI

食品和饮料行业正处在飞速发展的阶段，每天新产品的发布数量远远超出人们的想象，但大多数新产品在市场上的销售却并不成功。根据专业市场研究公司的数据，每年有超过 1 万种新产品进入零售货架，但是其中的 90％ 都没能实现预设的销售目标。

如何在货架上迅速抓住消费者的眼球，增加回购率呢？人工智能也许是优化产品最好的工具。因为 AI 可以通过扫描社交媒体、互联网和来自市场研究公司的数据获取消费者偏好，帮助公司更快捕获市场趋势，开发口味和探究新型成分的信息，这将大大加快市场分析和产品研发的速度。

新冠肺炎疫情加速了替代蛋白质市场的发展，根据数据统计，2020 年植物基肉制品的销量比 2019 年增长了 148％。越来越多的公司试图模仿天然肉类的风味和口感，产品间的区别也变得更加细微。但，哪一种才是消费者正在寻找的口味呢？

随着 AI 技术的逐渐成熟，越来越多的公司开始试图通过 AI 技术找到答案，以迎合消费者需求，增加市场占有率。全球知名香精香料公司芬美意利用微软提供的技术启动了一项风味优化项目。他们通过 AI 创造出适合植物肉的烧烤牛肉风味，如图 2-65 所示（图片来源于 Firmenich）。目前芬美意正根据原材料数据库，开发更多受消费者欢迎的口味。

图 2-65

芬美意总裁表示："我们必须以更快的速度、更多的创造力来理解和应对迅速发展的消费需求。"毫无疑问，AI 正是破局的关键。它可以更精准地区分不同产品的差异，正确预测消费者的需求和偏好，还能最大限度地满足消费者对成分的要求，实现产品清洁标签化，如选用天然非转基因原料。随着消费趋势的变化，企业争相加快产品上市速度，AI 将在未来发挥更大作用。

对于大型公司而言，是否拥有灵活的创新方式已被视为关乎企业生死存亡。如果食品创新者试图跟上消费者生活变化的步伐，不被市场淘汰，那么快速创新则是必需的。市场上随时都在诞生新需求、新趋势、新热点，这为品牌商们开发创新美味的产品提供了大量机会与灵感。但是，到底哪一种趋势将继续保持下去，哪一种又只是"明日黄花"？或许，企业需要找到更明智的方式来了解消费者背后的变化。

百事公司利用新的 Ada AI insights 技术，快速推动旗下业务的创新。这种技术可以通过分析数十亿条社交媒体上的聊天记录，来确定消费者最新的饮食偏好。百事可乐入局 AI，加速了创新趋势的精准预测（见图 2-66，图片来源于 aithority.com）。

图 2-66

2018 年，百事使用 Ada AI 技术，将海藻定为热门成分。后续推出的 Off the Eaten Path 海藻零食销售额超过 600 万英镑（约 5422 万人民币）。同时，百事与英国最大的食品零售商合作开发了最先进的视觉识别和风味决策系统，加速品牌定位和创新开发，如图 2-67 所示（图片来源于 foodnavigator.com）。

图 2-67

2019 年，康普茶被确定为最有潜力的饮料品类。百事公司紧抓热点，推动旗下品牌适时推出新茶饮，并连续入驻七家欧洲市场。百事高级创新总监表示："AI 技术在创新中扮演着重要角色，已经成为产品创新流程中的关键一环。"

AI 技术持续关注社交媒体、博客、留言板，以及对餐厅菜谱的评论网站，从中提炼出有效信息，进行汇总，最终快速做出正确的创新决定。这种方法帮助营销人员在早期的趋势预测和产品开发中发挥更加积极的作用。AI 技术所带来的更加灵活的创新方式也帮助了这些综合性大公司创造出更多的可能性。

AI 帮助食物寻找更多"未发觉"的发展潜力，它使品牌获得了更多的机会，但同时也意味着消费者的喜好更容易改变。仅仅知道消费者今天的喜好已经不够了，企业必须预见到明天人们想要的东西，才能在日益激烈的竞争中存活下来。为此，越来越多的公司开始利用 AI 技术处理大量互联网数据来确定未来趋势。

2019 年，美国食品巨头康尼格拉食品公司正式迈入 AI 领域，从各种信息来源中提取数据进行分析，向消费者提供他们想要的东西。康尼格拉拥有一个可以分析全网社交媒体的 AI 平台，它会自动地提取数据并进行分析。AI 平台的存在帮助企业识别出许多并没有引起企业注意的"发展潜力"。2019 年，AI 平台显示人们开始更多地关注植物基饮食和可堆肥包装，于是康尼格拉推出了无谷物健康选择能量碗，果然上市后即大卖，如图 2-68 所示（图片来源于 wsj.com）。

图 2-68

互联网上的数据对于趋势的分析和预测有着不可估量的价值。某资深管理咨询公司针对 1 万名消费者调查后发现，超过一半的受访者几乎在清醒的每个小时都上网冲浪，并花大量时间来浏览信息、分享观点。

这意味着如果一家成熟的快消公司，继续依靠传统的调研方法和产品研发，他们可能会落伍。人工智能为这些行业巨头提供了一个通向"潮流快车道"的窗口，让企业更清楚地了解人们实际上想尝试什么。而 AI 平台通过为企业提供实时数据点来增强方法的有效性，其收集到的信息不仅可以帮助指导生产研发，还能迅速提供可以立即引起消费者共鸣的产品。

许多初创公司使用 AI 提供的最新食品趋势分析服务。电子商务和社交媒体改变着人们的生活，这也意味着食品行业的趋势和消费者洞察必须更加活跃。如果我们需要花费六个月时间来进行调查，然后根据调查结果进行分析并获得决定，最后再进行生产或更改菜单，那么所有的这些计划都已经晚了。或许它可以在六个月前就发生。

当今影响企业发展的最大挑战实际上是寻找实时分析的数据和见解。初创公司 Tastewise 使用预测分析、算法、机器学习、计算机视觉和自然语言处理，建立了一个可以分析数十亿个食品饮料数据点的人工智能平台。该平台用户可以在线搜索新兴食品趋势，并将收到最新的行业见解和预测，如图 2-69 所示（图片来源于 the Spoon）。和康尼格拉的 AI 平台不同的是，这个食品饮料数据点的人工智能平台不仅可以分析社交媒体，还可以筛选食物照片、餐厅菜单以及食谱分享。工程师表示："社交媒体是一个很好的指标，但是它也需要和其他数据点融合在一起，让分析结果更有实际价值。"

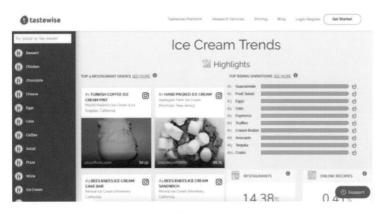

图 2-69

2019 年 2 月，该平台发布了第一份《食品趋势报告》。报告显示也门辣酱在社交媒体中的出现频率在过去一年中增长 129%，这有可能是下一个火爆全网的辣酱。另外，松露、夏威夷零食和紫色山药也显示出了飞速的增长。后续的事实证明，这些预测确实都变成了食品行业的流行趋势。

除了食品行业，其他行业也在加紧与人工智能进行合作，比如酒店业。一个已经和人工智能合作的概念酒店收益良多，酒店管理人员表示："不仅是深入了解消费者，AI 的分析还帮助我们选择了更合理的目标受众，改变了我们的决策策略。"

AI 技术在植物营养创研领域也大显身手。AI 干预的不只是产品开发和趋势分析，人工智能也能用于推动植物营养素的开发。植物基的兴起促进了更多植物营养素的开发。因此，"植物基革命"列为近年十大趋势之一，而植物营养素更是以其独特功能性受到了科学界的广泛关注。

生物科学公司 Brightseed 针对植物营养素的发现、研发和商业化，建立了全球首个用于植物营养素科学研究的 AI 平台，如图 2-70 所示（图片来源于 foodandfarmingtechnology.com）。它通过分析植物的营养成分，进行筛选发掘，并将新发现的植物营养素映射到人体健康中进行识别和证实，从而可以将其应用于功能食品和药品的开发中。

图 2-70

　　这项具有里程碑意义的技术受到了行业广泛关注。生物科学公司 Brightseed 对此项技术展开更大规模的研究与应用，希望借此发现以前未知的植物成分的健康益处。目前，人工智能正在帮助识别生大豆中某些化合物与健康益处之间的潜在分子联系。

　　就像绘制人类基因组图打开了医学的新纪元，使用该 AI 平台绘制植物与人之间的联系成为最令人兴奋的领域之一。我们正面临着从未有过的公共卫生危机，人们正在寻找能带来健康的植物性产品。由于植物中隐藏着数百万种植物营养素，因此我们的目标就是发现这些物质，了解它们的功能，应用在我们的产品创新中。

　　我们处在一个信息爆炸的时代，需要为之做好准备。要处理好周边各种各样纷繁复杂的信息和数据，人工智能是目前最好也是唯一的选择。随着 AI 和机器学习算法的发展和成熟，人工智能将在创新决策方面发挥越来越大的作用。除了在产品研发、趋势预测和营养素开发中的应用，AI 在食品安全可追踪性、供应链、无损检测以及自动化分拣中也发挥着巨大作用。

　　未来，我们可以期待一个全产业实现自助服务的时代。从农产品供应源头到产品包装，从食品开发到食品安全，人工智能将无缝衔接制造过程的每一步，实现生产力和创新力的大幅提高。同时，人工智能的精准化也将加速产品细分，推动食品行业进入个性化时代。

SHIWU YU CHUANGXIN

第三章

食物与城市发展

第一节　食物与共享社区

一、食物与浪费

据联合国粮食及农业组织（FAO）统计，全球 70 亿人口中，每年约有 1/3 的世界粮食（约 13 亿吨）被损耗和浪费（见图 3-1）。觉得不可思议？但这就是现实！当我们每天因为"吃播"、聚餐造成食物浪费的时候，全世界每天大约有 8.21 亿人营养不良或处于严重饥饿状态。

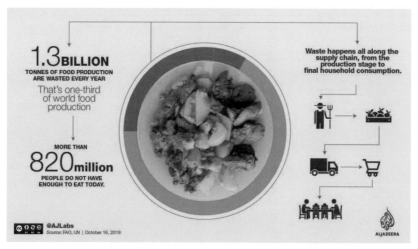

图 3-1

"你知道你浪费了多少牛奶吗？""我每次都把牛奶喝完，从来没有浪费过。"有些时候我们完全没有意识到浪费了那些食物，甚至可能根本感觉不到那种可惜，比如牛奶盒中残留的奶液、酸奶盖上的那层酸奶。

我们首先讨论食物浪费与包装工业。

要减少或避免食品浪费，首先必须要了解食品浪费是何时、何地及如何发生的，才有可能从根源上有效遏制。食物浪费的历史与全球化息息相关，当今世界的食品供应链变得更长，在从农场到餐桌的漫长旅程中，每个阶段的食物都会损耗或浪费，水果、蔬菜、乳制品和肉类等新鲜食品尤其容易受到伤害。通常，"粮食损失"是指在生产的早期阶段（例如收获、储存和运输）损失的粮食，而"食物垃圾"是指适合人类食用但经常被超市或消费者丢弃的物品。

FAO 数据表明，高收入国家和低收入国家粮食浪费的数量分别为 6.7 亿吨和 6.3 亿吨。在低收入国家，损失发生在早期阶段。例如，世界资源研究所（WRI）显示，非洲地区在生产、处理、存储和加工过程中损失了 83％的粮食，而消费者浪费了 5％。相反，在北美和大洋洲等中高收入地区，早期过程损失了 32％，消费者浪费了 61％。

据 FAO 统计，每年损失或浪费的粮食成本达 2.6 万亿美元，足以满足全世界 8.15 亿饥饿人口的需求。造成饥饿的主要原因并非我们没有足够的食品，而是因为食品在整个过程链中没有以适当的方式保存，导致食物变质，造成巨大的流失和损耗。包装工业，恰好可以有效解决这一问题。

瑞典爱克林公司作为领先的液态食品包装系统供应商，一直致力于为全世界提供安全、便利及兼具环境责任的最理想的包装方案。该公司于 1996 年成立于瑞典赫尔辛堡，2001 年兴建了在中国的第一家工厂。近年来，爱克林与中国奶业的联系愈加紧密，君乐宝、天润等乳企的推新，伊利、蒙牛的加码，让爱克林包装的酸奶在市场上风光无限，备受消费者喜爱。爱克林酸奶包装如图 3-2 所示，这款包装不仅灵巧美观、便于携带，在减少食物浪费和推进可持续发展上也具有突出表现。

图 3-2

我们来详细分析其品牌奶盒包装，如图 3-3 所示。首先是细节把控，让包装中的每一滴奶都可以被挤净。一般来说，我们在丢弃液体食品包装时，用于液体食品的 1 升硬包装形式会留下几乎 10% 的高黏度含量。而爱克林品牌包装几乎会变空，无论多么黏稠的液体食品，轻巧灵活的包装都可以轻松挤出最后一滴。

图 3-3

轻松挤出最后一滴的背后，隐藏着包装的三个特质：

一是轻量。数据显示，与液态食品所使用的传统纸罐或包装瓶相比，爱克林品牌包装重量能够减轻 50%~60%。轻量的包装意味着使用更少的原材料，最大程度减少包装对环境的影响。

二是柔性易清空。在包装上使用尽可能少的原材料，并具备柔软、有韧性的触感。例如，在无菌包装中使用了碳酸钙，一种源于自然界的天然材料，降低了塑料用量。值得注意的是，在提取碳酸钙的生产过程中无须

化学加工萃取，仅使用有限的能量。这种包装含有约35%（按重量计）的碳酸钙，可使包装具备所需要的力度和硬度。在柔性的包材设计优势下，与传统包装相比，爱克林包装用于酸奶等液体食品挂壁少，更易于液体清空。我们喝完饮品之后，可以看到爱克林包装就像一个信封那样平，这也意味着更少的食品浪费。

三是灵巧。如图3-4所示，包装采用独特的水罐式设计，并且带有充气把手，使酸奶携带、倾倒更加便利。此外，其包装具备针对巴氏奶可以使用微波炉加热的功能，让饮用场景更加多样。

图 3-4

近期，瑞典卡尔斯塔德大学服务研究中心绘制了瑞典家庭的食物垃圾图，寻找消费者丢弃不同类型食物的原因以及包装对食物浪费的影响，其研究表明包装的设计和尺寸对新鲜食品尤为重要。据研究统计，乳制品浪费占到了食物浪费总量的17%，而这其中不恰当的包装设计造成了近70%的乳品浪费。显而易见，包装在减少食品浪费上具有巨大潜力。一个优秀的包装设计不仅要确保包装中装有适量安全的食物，提供食品的相关信息，还要具备易于使用、易于倒空的功能，来支持消费者避免食物浪费。

事实上，食品在整个过程链中的巨大损失，源于没有应用适当的保存方式导致很多食物变质，缺乏合适的包装设备、技术及包装材料来延长货架期并保证食品安全，从而导致食品在到达消费终端前发生了变质，最终产生巨大的浪费。因此，我们不能忽视包装在过程链中的作用。

以爱克林包装来说，它对液体食品具有非常好的保护效果。一是包装符合国际食品包装的要求，同时符合食品接触材料和产品规范的规定，其主要成分无包装物污染，不会影响食品口味。二是包装阻隔性能优越，有效隔光、隔热，抵抗微生物渗透。三是在运达乳制品工厂时包装是密封的成品，有效避免包装在运输和生产过程中被污染。四是包装印刷采用食品级油墨，充分保证食品不被污染。

安全优质的包装，不仅可以顺利延长食品货架期，也可以让产品在运输和储存过程中得到保护并尽可能减少因挤压等机械作用造成的损失。

拒绝食物浪费的时代已开启，可持续发展的步伐正在加速向前迈进。全球包装行业正在适应客户和消费者行为的转变，以及他们对可持续替代品日益增长的需求。作为包装设备制造商，爱克林在向着减少食物浪费努力的同时，也从便携性、观赏性、可回收性等多个维度提升消费者体验，不断创新可持续性的包装方案。包装的回收利用应该是包装工业优先考虑的事项，提高传统回收系统中柔性包装的可回收性，并与缺乏收集、分类和废弃物处理系统的客户密切合作，以增加回收机会，是可回收设计的目标。

　　在食品包装上，我们可以看到两种极端。一种是仅仅把包装当作食品的容器，在设计中没有对食品货架安全性给予关注；另一种则是过度包装，不仅浪费资源，在使用过后，废弃的包装也会对环境产生负面影响。设计师需要在食品安全性和环境友好性之间找到一个平衡点，用更少的原材料，实现更低的碳排放和更好的食物保鲜性能，如图 3-5 所示。

图 3-5

　　据世界人口基金会预测：不远的 2050 年，世界人口将增长到 100 亿左右；而 2100 年，这个数字将达到 112 亿。如何减少浪费并合理使用世界资源将会变得日趋重要。

　　"雪崩时，没有一片雪花是无辜的。"在这个时代，每个人都拥有更多选择的权利，同时也应承担更多的社会责任。面对食物浪费这样一个宏观的问题，尽管每个人的力量微乎其微，但一个以可持续理念为基础的未来，将以减少食品浪费、消除饥饿这个社会共同目标开始。

　　我们再来讨论食物浪费与永续饮食。在我国几乎每家餐厅都有"光盘行动"的标识，而这个标识的背后则是一串惊人的数字。根据世界自然基金会（WWF）和中国科学院联合发布的《2018 中国城市餐饮食物浪费报告》，我国每年食物浪费量约为 1800 万吨，相当于 5000 万人一年的口粮，也就是说平均每顿饭中 10% 的部分都会被浪费（见图 3-6）。

图 3-6

　　在米其林三星餐厅主厨 Dan Barber 看来，很多被我们浪费的食材可能正是其他人的主食，而只有当人们

真正进入厨房的那一刻，才能意识到浪费的严重性，每个厨师都应该具备把所谓的"废料"变成佳肴的创新力。如果我们把目光放宽至全球，全世界的食物浪费都十分严重。特拉姆·史都华在《浪费：全球粮食危机解密》一书中提到，全球有近三分之一的食材还没上架就被丢弃了，倒掉的食物中也仅有三分之一是真正的垃圾。面对如此严重的浪费，永续饮食的概念开始被频繁提及，关于它的探讨和争议也在与日俱增。

作为永续饮食的重要组成部分，零浪费餐厅的尝试早已先行一步，许多餐厅主厨积极参与到零浪费餐厅计划中。

位于芬兰赫尔辛基的 Nolla 餐厅在零浪费上几乎做到极致。餐厅创始合伙人 Carlos Henriques 曾在米其林星级餐厅 Chez Dominique 和 Olo 工作过，创办零浪费餐厅的原因是看到太多的食物被浪费，决定用自己的力量做出一些改变。餐厅的三位联合创始人如图 3-7 所示。

图 3-7

Nolla 餐厅的食材均来自本地有机农场，没有任何额外包装，现取现用。农场中的果蔬也是用餐厅厨余堆肥种植的，餐厅还特意为此引进了专业的厨余处理设备。Nolla 餐厅的菜品如图 3-8 所示。

除了日常经营外，餐厅也热衷于零浪费烹饪的理念传播，曾联合多家餐厅举办"烹饪无浪费"的活动，吸引了近万人参加，也曾在纽约开设零浪费餐厅 Zero Waste Bistro，这间快闪餐厅从建筑材料到餐具桌椅都来自回收利用的食品包装。Zero Waste Bistro 餐厅的菜品如图 3-9 所示。

图 3-8

图 3-9

食材则取自纽约本地，没有进口，省去了运输成本。菜品中融入了被忽视的食物副产品，呈现风格上也追求简单直接。虽然只有 4 天的开业时间,但依然成为当时纽约的网红餐厅。

零浪费也是将不能吃的重复利用。英国布莱顿的 Silo 餐厅在主厨 Douglas McMaster(见图 3-10)眼中并不算餐厅,而更像是一个极致工业化的食物循环系统。

在餐厅的烤面包、烤蘑菇、焗西兰花等菜品中无不体现了这一点。吐司来自现场碾磨的面粉,蘑菇种植于咖啡渣中,西兰花的茎部也被充分利用入菜,如图 3-11 所示。

图 3-10

图 3-11

餐厅的餐盘和桌椅都是可再生材料,曾令主厨发愁的酒水问题竟然也被神奇地解决了。为了避免浪费,餐厅的鸡尾酒不使用新鲜柑橘,而是用醋和酸性粉末调制而成。空酒瓶也有了新去处,它们被赠送给艺术家们进行艺术创作。

我国首家零浪费主题的零浪费商店——THE BULK HOUSE 是由一位来自湖北武汉的女孩(见图 3-12)策划成立。她无意间在 YouTube 上看到了零浪费运动创始人 Bea Johnson 在 TED 分享的视频,被零浪费生活方式所深深吸引,于是决定像她一样践行零浪费生活。身边的朋友和家人看到了她每天践行零浪费的生活方式,在新奇之余也慢慢被影响,她在欣喜的同时也意识到,只有让更多的人加入进来,才能对我们生存的环境产生更大、更积极的影响,于是,她注册了公司 THE BULK HOUSE。

图 3-12

THE BULK HOUSE 是中国首家致力于倡导零浪费生活的社会企业,通过组织分享零浪费的主题系列活动

和内容来引导人们与自然和平共处，并提供一系列日常实用且独具美感的零浪费好物（见图3-13），旨在帮助人们轻松开启一站式零浪费生活之旅。

图 3-13

二、食物与共享

我们先来探讨共享经济。共享经济是由个人或第三方平台将闲置资源或服务有偿分享给需求者，并从中获得报酬的经济模式，其核心特征是基于信息技术平台的资源优化配置。而共享作为共享经济中的核心理念，促成这种经济发展的新模式。我国已成为全球共享经济创新发展的主阵地和示范区，共享经济已成为新常态下我国经济转型发展的突出亮点，打造共建、共治、共享的基层社区是符合社会发展的大趋势、大潮流。

共享经济的覆盖领域极为广泛，包括交通出行、房屋住宿、知识技能、生活服务、医疗服务、共享金融、二手交易等。因此，未来社区建设架构将"共享"这一概念附之于上，推行多种多样的社区共享模式，激活社区活力，增进居民之间的交流，成为我们建设运营管理的核心理念之一。共享社区旨在进行以和谐共处为价值观的社群运营，以共享为纽带在住宅空间区域中凝结起生命共同体。共享社区效果图如图 3-14 所示。

图 3-14

共享社区的设计需要遵循以下原则：

一是场所感。场所感的创造基于社区公共空间和公共设施的建设和布局上。社区不仅要为居民提供可居住的场所，更要为居民营造怡然自得、温馨舒适的整体氛围，让上班族、老人和儿童都能够在社区中找到一份特有的归属感。

二是开放性。居住空间不再是切割城市的独立封闭空间，而是与周边区域甚至是与城市融为一体，小区内外的资源与文化能够做到和谐共通，而不是将城市公共空间与资源私有化，居民存有自由交流的空间。

三是多元性。我国作为一个人口构成较为复杂的国家，一个社区内居住着不同类型的个体是必然的，做好个体与整体之间的利益博弈，也是构建多元化社区的重要条件。

共享社区首先体现在共享空间。共享空间是社区共享生活的物质载体，居民在公共空间中才能产生联系。因此，未来社区共享生活积极构建社区居民参与议事、讨论的共享空间"邻里汇"。公共议事共享空间体现了家庭结伴、邻里结情、社区结缘的地域情怀，整个共享空间以"家中客厅"为设计理念，实现人、物、服务之间的全连接，其中融合了居民文化艺术交流、公共事务商议、邻里关系协调等各项内容，成为名副其实的社区公共客厅，如图 3-15 所示。

图 3-15

　　社区共享厨房与社区食堂的建立，一方面可以为居民提供新鲜、安全的生鲜蔬果供应与加工场所，另一方面提供了社区居民互动、交往的场所，促进社区社会融合，提高社区认同感。共享厨房与共享食堂可达性强、方便居民使用，场所内具备完善的厨房设施及专门的管理服务人员。社区食堂与社区共享厨房如图3-16所示。

图 3-16

　　随着共享经济的火热，共享汽车、共享充电桩等互联网运营模式已经成为新能源行业的热点网红模式。社区作为居民生活的重要场所，建设共享汽车停车位、充电桩可以给居民带来全新的生活体验，也是推广绿色出行的重要方式。社区共享汽车和充电桩应结合停车位合理布局，居民可以通过手机客户端，借助互联网技术和智能终端设备，发送用车、用桩需求，就近取车用桩。社区共享汽车、共享充电桩如图3-17所示。

图 3-17

　　社区共享平台是指社区居民之间共享实物、服务和信息的平台。共享实物如共享汽车俱乐部、闲置物品交换集市、社区农产品交换集市等，共享服务如邻里分担育儿、照顾老人、遛狗等，共享信息如就业信息共享平台、社区生活娱乐新闻APP、知识技能分享会等。居民之间共享实物有利于提高资源的使用效率，充分发挥闲置资源的价值；共享服务有利于改善邻里关系的陌生化和隔阂化，形成相互帮助与需要的和谐邻里关系；共享信息可以建立有效的信息传播和交流渠道，促进邻里熟人社会形成。

　　对于社区教育，SUC共享社区旨在打造一个社区教育生活体，联动优质、创新、有生命力的资源，为居民提供更美好的教育生活服务。因此，面向所有孩童，延伸家的半径，构建15分钟未来社区教育生活体验中心，提供孩童学习交流的场地，配置流动书吧、能量补给站，构建儿童友好型可持续的社区生态，共创有趣、有益、有活力的社区教育生活。社区图书馆如图 3-18 所示。

图 3-18

此外，借助物联网、人工智能等现代技术，社区还可搭建云端图书馆，为居民提供网上阅读、打卡学习、互相交流的平台，平台与城市教育、图书资源相连接，提供各类电子书、网课音频与视频等，引导并记录居民的学习行为，并建立"讨论圈"等促进交流。

社区医疗共享平台通过"横向连锁、纵向联动"的体系建设与积累，锻造出了规范化、标准化的诊断治疗、公共卫生、健康管理、运营管理等项目，形成社区医疗服务核心和支撑。社区居民可以通过 PC 端、移动端官方网站、微信公众号加入社区医疗共享平台，共享优质、先进的医疗资源。

社区文化活动并非单纯指在社区内开展一些娱乐性的群众活动，而是指一种整体的社区氛围营造，对社区里的所有人都起着潜移默化的凝聚作用，增强社区居民的认同感，提高社区韧性。社区定期举办公共活动，这些活动可以包括社区宴会、社区文化活动、社区运动会、社区自产的农产品市集、社区公益互助活动等。社区公共活动面向全社区居民，保证社区全体居民均有条件、有能力参与其中，旨在以形式多样的社群活动串联起社区的每一个人。社区文化活动如图 3-19 所示。

图 3-19

社区农园是由社区居民在同一地块上开展农业生产的社区活动场所，指的是通过利用社区空闲地或公共绿地，免费使用或划分租赁给居民从事种植活动。社区农园一方面可以作为社区绿色食品的提供者，有利于饮食健康；另一方面给居民创造了一个可以共同参与的活动，拉近居民的邻里关系，如图 3-20 所示。社区可结合具体情况开展园艺课程教育、园艺趣味活动、户外分享会等，培养居民的兴趣，提高居民特别是儿童对自然的认识、观察能力、劳动能力等，活络邻里关系。

图 3-20

第二节　食物与城市空间

一、食物系统

　　食物系统（food system）的概念最早由美国威斯康星大学教授 B.W.Marion 于 20 世纪 70 年代提出。20 世纪 80 年代 EC 委员会的研究报告首次对食物系统进行了定义，认为其应包括由农民—城市加工业者—食品零售业者—消费者组成的食物链，以及食品加工设备供应商和农业生产资料与设备提供商等。随后食物系统的概念传入日本，得到了日本专家学者的广泛关注，并针对这一概念开展了广泛的研究。高桥正郎认为它的范畴包括农林水产业、食品制造业与批发业、食品零售业与餐饮业、生态农业（见图 3-21），以及最终消费者，还有影响这些因素的措施、制度等构成的系统。

图 3-21

　　食物系统是一条食物从生产到消费各阶段构成要素和不同产业间依存关系的链条，这个链条不是单方向的，而是包含着信息和资源再生在内的循环关系的。

在人类社会的早期，我们能随时随地获得新鲜健康的食物。但是自工业化以来，制冷和快速运输系统在一定程度上使得时间和距离变得无关紧要。食品生产后的加工等后期处理方式导致食物生产者和消费者之间形成了一道隔阂。工业化让城市的发展进入高能耗低收益的节奏，割裂了食物与城市的关系，增加了食物的运输成本，加重了人们的生活压力。

西方学者和民众逐渐认识到工业化食物系统增加的各种城市危机，试图通过一系列的本地食物运动来呼吁政府建立一个自给自足、可持续的本地食物系统。加拿大作家爱丽莎·史密斯（Alisa Smith）和麦金农（J.B.MacKinnon）在著作《100 英里饮食：一年的本地饮食》中介绍了他们在一年当中只购买家庭附近 100 英里（约 161 公里）以内食物的故事。随着该书的畅销，100 英里的饮食理念得到推广，甚至在加拿大还引发了一档挑战 100 英里饮食的电视真人秀节目。在同样是畅销书的《动物、蔬菜、奇迹》一书中，作家芭芭拉·金索弗（Barbara Kingsolver）和她的家人记录了他们自己种植大部分食物的尝试，从附近的农场和农夫市场购买其他食物的故事。

长久以来，食物系统的研究一直局限于农业经济学的研究领域，直到近二十年，食物系统才走进人居环境学科的研究视野。1999 年，美国学者珀秋卡奇 (Pothukuchi) 和考夫曼（Kaufman）指出食物系统是一个非常重要的城市系统，它是城市其他系统如住房、交通、就业和环境的后盾，并呼吁更加全面地看待城市食物体系。2005 年，美国规划协会（American Planning Association）年会研讨主题首次关注食物规划问题。自此之后美国规划协会开始制定指导方针整合社区和区域食物规划，逐步建立健康可持续的食物系统。

在城市化快速发展、饮食变化、气候变化、政治不确定性和反全球化思潮抬头的背景下，全球食物系统正面临极大挑战。与此同时，人们逐渐认识到，除了解决不同形式的营养不良问题之外，还需要根据气候变化探求在环境方面可持续的食物系统。气候变化对农业的影响如图 3-22 所示。

图 3-22

食品、地球和健康委员会关于可持续食物系统与健康膳食的最新研究报告为各国和利益相关方提供策略建议，为处在交叉路口的食物系统发展与转型指明了方向。食物系统在促进人类健康和维护环境可持续发展方面可以发挥重大作用，但目前它对二者均构成威胁。因此，迫切需要举全世界之力共同改进饮食习惯和食物生产。在这一点上，报告通过引用来自全球各地的最新例证，包括国际食物政策研究所的农产品贸易政策分析国际模型（IMPACT），提出食物系统的科学发展目标以及总体发展方略。

正如报告所强调的，为了在 2050 年以前成功实现向健康膳食的转型，我们需要在饮食结构上做出巨大变革：在全球范围内对水果和蔬菜等健康食物的消费加倍，并将对红肉和添加糖等不健康食物的摄入量减少一半以上（主要针对富裕国家的过度消费问题）。

与此同时，针对不同人群和地区，使用不同的方法改善饮食结构至关重要。报告指出，营养不足和难以获得健康食品仍然是许多发展中国家和穷人持续面临的挑战。特别是对贫困人口中的幼儿以及孕期或哺乳期的妇女而言，食用少量动物源性食品（如奶制品、蛋类、鱼类或鸡肉）对维持营养和健康具有举足轻重的作用。一项 2018 年的研究表明，食用动物源性食品可以减少儿童发育迟缓的发生。

此外，对健康且营养丰富的食物而言，可获得性和合理价格是食物系统可持续发展的关键。许多营养丰富的食品（如水果、蔬菜和动物性食品）因为极易腐烂，所以其价格往往远高于超加工、营养密度低和高热量的主食。高价格使本就贫困的人们消费健康食物难上加难。在埃塞俄比亚的一项研究也表明，牛奶价格翻倍会减少其一半的销量。因此，提高健康和营养食物的生产力和生产率、改善低收入国家的市场机制，对降低食品价格、增加健康和可持续膳食的可及性十分重要。

健康和可持续饮食习惯可能因国家地区而异，因此我们需要更多的证据来证明如何推动不同人群的饮食习惯变革。为了促进食物系统转型，确保人类和地球健康，各国政府、企业、社会组织与个人必须共同努力，不断分享经验，并扩大知识储备。

城市食物系统能够将食物生产、加工、分配、消费和回收各环节与城市空间进行良好组织，为城市可持续发展提供设计依据和指导性原则。同时，城市食物系统也是融入城市居民生活、娱乐、工作中的生产性景观和可食用景观。食物城市主义为当前因资源短缺而陷入困境的全球食物经济提供了应对策略，还能够有效地缩短食物里程、保障食物安全、改善城市物质代谢模式。

二、食物与城市主义

英国布莱顿大学建筑系讲师安德烈·维尤恩（André Viljoen）于 2005 年首次提出了连贯式生产性城市景观概念，指出这有助于正在进行的关于未来城市形状的辩论。根据新兴的研究，维尤恩提出了将连续生产性城市景观（CPULs）整合到现有和未来的城市的愿景。CPULs 是结合农业和其他景观元素的城市空间，这种空间体系具有连续、开放的空间联系。同时提出的农业城市主义主张将不同尺度的农业生产空间插入城市不同的公共空间和单体建筑物中，并选择不同的生产品种。

随着食物系统与城市空间理论的不断发展，人们除了关注食物系统的生产、加工、运输和销售环节外，还更加强调城市基础设施建设。近年来，人们主张城市食物系统组织城市空间的策略分为三个步骤。首先是将城市空间进行分类，统计城市中的私家花园、城市绿地、社区绿地、城市干道和闲置土地等空间，作为可利用的城市空间。然后是分析各种空间类型的所有人、生产者、管理者、生产规模、服务空间规模、休息空间规模、配送方式等相关信息。最后是按照循环流通类型将城市道路分类，改善城市道路交通网络，以便更好地服务城市食物系统，构建城市食物空间网。其中，食物大道附带线性的食物生产带，又在两侧配置了农夫市场、零售摊位和休闲运动空间等，食物大道搭配步行道路和自行车道路，与市场大道相连接。

在食物城市主义理论中，城市食物类型学和流通类型学构成了与食物有关的社区组织的指导方针和支柱。位于埃姆斯西北部的萨默塞特地区的某一基地，构想了一个食物系统组织城市空间的方案，如图 3-23 至图 3-25 所示。

图 3-23

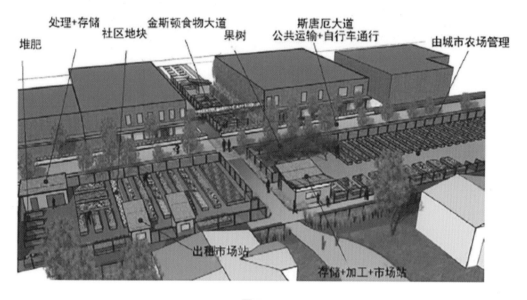

图 3-24

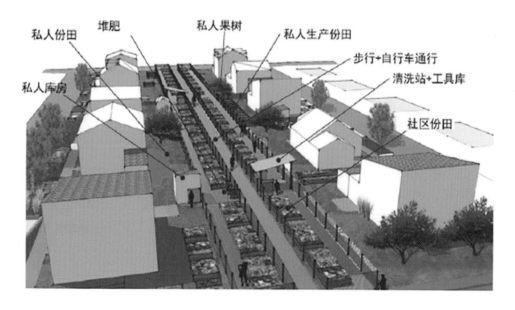

图 3-25

食物城市主义景观规划有以下几个特点：绿色、自然、顺应地势、低矮、缓慢生长、适于社会活动、可触摸、季节性及健康。城市空间主要包括户外休闲空间、户外商业空间、城市农业、生态廊道、自然栖息地以及道路循环网络。城市内农业是指在近郊、一般城市区、城市中心区、城市核心区充分利用菜园、农场、社区花园、阳台花园、屋顶花园等空间，主要利用现代技术，发展无土栽培、温室等农业生产，如图3-26所示。

图 3-26

现代城市是单一的物质消耗者和垃圾排放者。在食物城市主义策略下组织城市公共空间，能够构建社会、人文、生态环境温馨和谐的社区，其多重价值可归纳为环境生态、经济效益和社会文化三个方面。

SHIWU YU CHUANGXIN

第四章

食物与食育教育

第一节　食育与儿童

一、什么是食育

　　食育既包含了生命、自然、感恩这样的人类通识文化，又包含了均衡、协作、饮食习惯这样具体的生活文化。食育是最自然的生命教育，是大家感知真正的食物原味，承传对自然的崇敬之心。食育教育如图4-1所示。

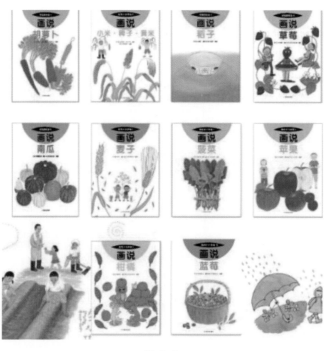

图4-1

　　在中国食物的漫长历史变迁中，中华民族创造了光辉灿烂的饮食文化，对人类文明作出了极其重要的贡献。孙中山先生在《建国方略》中不仅高度评价了我国的饮食文化，而且说："中国不独食品发明之多，烹调方法之美，为各国所不及。而中国人之饮食习尚暗合于科学卫生，尤为各国一般人所望尘不及也。"

　　我国自古就有食医这一说法。早在两千多年前，古人就对饮食养生健身提出了较为系统的办法。王宫中把"食医"列于众医之首，又说明了当时对食养、食疗的重视。《周礼·天官·食医》："食医，掌和王之六食、六饮、六膳、百羞、百酱、八珍之齐。"食医，是周代官方卫生机构中负责帝王饮食卫生专科及其医生，是掌管宫廷饮食滋味温凉及分量调配的医官。到唐代，饮食疗法已经成为一门专门的学问。一代名医孙思邈主张"凡欲治疗，先以食疗，既食疗不愈，后乃用药尔。"他还写了《食治》一卷，开食疗专著之端。我国古代医学家如图4-2所示。

图 4-2

　　可以看出，中华饮食文化一直走在世界先列。早在秦汉时期，中国就开始了饮食文化的对外传播。据《史记》《汉书》等记载，西汉张骞出使西域时，就通过丝绸之路同中亚各国开展了经济和文化的交流活动。张骞等人除了从西域引进了胡瓜、胡桃、胡荽、胡麻、胡萝卜、石榴等作物，也把中国原产的桃、李、杏、梨、姜、茶叶等作物及相关饮食文化传到了西域。今天在原西域地区的汉墓出土文物中，就有来自中原的木质筷子。

　　此外，中国传统饮食文化对朝鲜影响很大，这种情况大概始于秦代。据《汉书》等记载，秦代"燕、齐、赵民避地朝鲜数万口"。这么多的中国居民来到朝鲜，自然会把中国的饮食文化带到朝鲜。汉代中国人卫满曾在朝鲜称王，当时中国的饮食文化对朝鲜影响最深。朝鲜人习惯用筷子吃饭，他们使用的食物原料以及在饭菜的搭配上，都明显带有古代中国特色，甚至在烹饪理论上，朝鲜也讲究中国的"五味""五色"等。

　　受中国饮食文化影响最大的国家是日本。公元 8 世纪中叶，唐代高僧鉴真东渡日本，带去了大量的中国食品，如干薄饼、干蒸饼、胡饼等糕点，以及制作这些糕点的工具和技术。日本人称这些中国点心为果子，并依样仿造。当时在日本市场上能够买到的唐果子就有 20 多种。鉴真东渡也把中国的饮食文化带到了日本，日本人吃饭使用筷子就是受了中国的影响。

　　饮食文化相关书籍如图 4-3 所示。

图 4-3

唐代来中国的日本留学生几乎把中国的全套岁时食俗带回了本国，如元旦饮屠苏酒，正月初七吃七种菜，三月上巳摆曲水宴，五月初五饮菖蒲酒，九月初九饮菊花酒，等等。其中，端午节的粽子在引入日本后，日本人根据自己的饮食习惯做了一些改进，并发展出若干品种，如道喜粽、饴粽、葛粽、朝比奈粽，等等。唐代，日本还从中国引入了面条、馒头、饺子、馄饨和制酱法，等等。

二十四节气及相关书籍如图 4-4 所示。

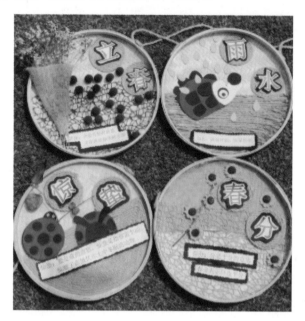

图 4-4

中国饮食文化对缅甸、老挝、柬埔寨等国的影响也很大，其中以缅甸较为突出。公元 14 世纪初，元代军队深入缅甸，驻防达 20 年之久。同时，许多中国商人也旅居缅甸，给当地人的饮食生活带去很大变革。由于这些中国商人多数来自福建，所以缅甸语中与饮食文化相关的名词，不少是用福建方言拼写的，像筷子、豆腐、荔枝、油炸桧等。缅甸名菜"茶叶拌"如图 4-5 所示。

图 4-5

时至今日，中国饮食早已流传到大洋彼岸，受到世界各地人民的喜爱，凡是有中国人甚至没有中国人的地方，都有中餐馆。中华美食正承载着中国人"以和为贵，五味调和"的传统思想，进入不同国家人民的心中。

信息时代的今天，科技快速发展，不同国家和地区间的文化交流愈发频繁，各国美食不断涌入人们的视线，各种新式菜、创意菜也被不断创造出来，然而中华美食的热度不减，其精华不断被人们传承和发扬。与"食"相关的教育活动，在促进国民身心健康、普及食品安全知识等方面发挥着重要作用。

食育是传授食品科学知识、传播饮食文化，使公众养成健康饮食观念和行为的教育。食育是提升公民科学素养的重要环节，是综合素质教育的一部分，最终达成科学认知、合理膳食、品鉴知礼、传承文化的教育目的。

二、人生第一起跑线

食物教育本身是一个很有趣的命题，在不同文化的土壤里，开出了截然不同的花朵。日本的包罗万象、英国的饮食课程、意大利的慢食、法国的感知、芬兰的厨房教养，无一不是其基于本身文化与面对社会问题做出的答案。

如图 4-6 所示，学生自己盛饭，勺子用完以后整齐摆好。如图 4-7 所示，用餐完毕自己整理餐具，用餐结束后刷牙。

图 4-6

图 4-7

日本是全世界最早推广"食育理念"的国家，他们主要从四个方面落实食育教育：首先从小给孩子们普及营养健康知识；其次从小培养孩子们健康的饮食习惯；再次弘扬日本优秀的传统饮食文化；最后倡导人与自然和谐相处的精神。除此之外，还让孩子们参与种植、食物加工、分餐、收餐等环节，培养孩子们的动手能力、感恩之心、团队精神，并体会到劳动的快乐。

不同于日本自上而下进行的食育，英国的食育充满着个人色彩，这个人叫杰米·奥利弗。他是英国著名的食育达人，也是英国著名的厨师。他发起了英国食育最重要的一次革命——校园午餐质量革命。这场革命改变了整个英国的饮食习惯，并打开了英国的食育之门。

英国的学校是有烹饪课程的，课程内容是前一个星期给出菜谱让孩子们准备，其实很多都是预调好的面粉，上课时加上鸡蛋、牛奶放烤箱就行。这也能从侧面看出英国本身饮食文化的一些特征。英国在其社会参与的基础上，政府近些年也参与其中，大大加快了其食物教育的普及，如图4-8所示。

图 4-8

浪漫的意大利，其食物教育最核心的东西是对抗快餐文化的慢食理念（见图4-9）。意大利政府全面禁止在校园贩卖含糖饮料给学童。以慢食在非洲推动的"千园计划"（1000 Garden）为例，"千园计划"希望在各校园或小区开辟共同菜圃，让当地居民重新种植并烹调消失的原生作物。

图 4-9

讲究餐饮文化的法国人，在课堂上教导小学生，怎么运用各种感官来品尝食物。老师要求学生边吃边把他们的想法写下来，教学生辨识选择健康的食物。目的除了避免儿童肥胖症跟糖尿病之外，也让他们从小了解食物真正的原形原味是什么，长大后就懂得选择。法国食物教育，从基本知觉进行认知，如图4-10所示。

图 4-10

　　芬兰盛产各种浆果，简单的料理文化，可以更简单地融入孩子基本的教育中，简单并且易于实施（见图 4-11）。芬兰的料理很适合进行"厨房教养"，因为当地料理的最大特色就是"简单"，除了食材的选择多是未经加工的食物，在烹调方式上，也少有所谓的大火快炒或高温油炸。极简的调味反倒凸显了鲜蔬本身的美味。

图 4-11

　　我国食育教育正在起步，越来越多的社会组织已经参与进来做这件事情，它在不断地往好的方向发展。从社会发展来看，我国老年人口基数大，人口老龄化问题日益严重，尤其需要食育。

　　国家已经开始逐步对国民健康教育重视起来，并颁布相关政策进行支持。2014 年，国务院办公厅印发了《中国食物与营养发展纲要（2014—2020 年）》；2016 年，中共中央、国务院发布《"健康中国 2030"规划纲要》，并且为了贯彻落实《"健康中国 2030"规划纲要》，国务院又于 2017 年印发《国民营养计划（2017—2030 年）》。教育部积极开展"师生健康 中国健康"主题健康教育活动。分别从不同层面提到普及膳食营养知识，解决居民营养不足与过剩并存的问题，强调营养健康教育应该作为学校素质教育的重要内容。健康中国建设主要指标如图 4-12 所示。

　　食育不仅关系到国民的生命健康，也关系到一个人全方位的素养，更关系到人与自然的和谐、资源的合理利用。所以，食育绝不是哪一个人或者哪一个组织的事情，它需要整个中国社会的努力。

图 4-12

——————▲——————

第二节　食育与创新创业

——————▽——————

一、生态乡村与食农教育

在工业文明面临全面危机的时候，乡村和乡村建设的价值、意义被重新认识和定义，我们需要认识到传统村落的价值，认识到其中蕴含着传统文化的宝藏，同时也让这些村落成为治愈人与人的关系、治愈人与自然的关系的地方。国际社会近年来尤其是后 2015 议程一直在倡导推进可持续发展，教科文组织制定了"教育促进可持续发展的全球行动计划"，建立了一个合作网络，"支持会员国家建立、发展可持续发展教育的能力，促进行动和实践推广，关注气候变化、生物多样性、减少灾害、水、文化多样性、可持续的城市化和可持续的生活方式等关键问题，这些问题都是通过教育促进可持续发展实践的切入点"，这么多丰富的与可持续发展目标密切相关的维度和要素都跟乡村建设有关。

2018 年习近平强调，要结合实施农村人居环境整治三年行动计划和乡村振兴战略，建设好生态宜居的美丽乡村。在这一新的历史时空下，我们有责任，也应该有理论勇气和实践担当，将中国文化中有益于世界发展的部分挖掘出来，采用西方擅长的技术和方法，融通中西，作为思想智库、政策参谋、实践行动的倡导者和教育者，通过乡村建设，推动引领世界的生态文明建设和教育。

生态乡村并不只是生态的乡村，而是将社会、生态、经济、文化四个维度整合到一个全面、在地化的可持续发展模式中，这一点与中国注重整体的乡村建设不谋而合，幸运的是，有机农业、社会构建、文化世界观和生态的维度又是能够体现中国文化优势的地方，中国的百年乡村建设终于迎来了前所未有的历史机遇。

改革开放四十年，中国教育在"面向现代化，面向世界"上成绩斐然。例如，中国 2018 年参加经济合作与发展组织（OECD）举办的 PISA 测试，在 68 个国家和地区中再登榜首。PISA 每 3 年组织一次，对全球 68 个国家和地区的 14 岁孩子进行语文、数学和科学科目的测试。自 2009 年上海首次参加该测试，中国在 4 次全球测试中 3 次夺冠，2018 年更是在科学和数学成绩上远超排名第二的新加坡。这说明什么呢？说明我们的教育"面向世界"方面成效卓著。

全球测试中所向披靡的风光与中国腹地偏乡学校的凋敝形成强烈的反差。农村儿童和家庭大量抛弃乡村学校流入城镇，乡村学校流失 25% 至 50% 的学童，造成城镇学校班额巨大而乡村课堂生源不足难以为继。甘肃省的乡村小规模学校数量上千，一个班三五个孩子的村小和教学点四处可见，而县城小学拥挤不堪。近年来，虽然农村教育人均财政投入翻倍，但农村中小学生人数却减少近半。事实上，同期农村的教育总投入按年稍有增长、大致持平，人均财政支出的翻倍反映的是农村的儿童向城市的迁移和农村教育的萎缩。"面向现代化，面向世界"的代价是脱离基层、背弃乡村，扩大不平等。

离农教育是全球性的问题。离农的教育同时使得城市人口的知识结构严重失衡。事实上，现在不仅城镇人口对农业和农村知之甚少，即使是农村青少年对农技和乡村生活都缺乏系统的了解。部分城市儿童只知道食物是超市来的，"四体不勤，五谷不分"的城市人比比皆是。更严重的问题是，无论如何被忽视，农业对于经济、社会、国家安全以及生态环境持续发挥着至关重要的作用，而绝大部分青少年对于这一事实一无所知！

如何改造教育，使其能够造福乡村、服务农业，既是对中国也是对全球的学校体制提出的紧迫问题。食农教育或许是回归农业和农村的途径之一。河南郝堂宏伟小学（见图 4-13）将食农教育与生态乡村融合在一起，非常有特色。许多人来到这个小村，都会被这个美丽的村子和村里的小学深深吸引。是什么让一个朴素的村子和条件极其有限的村小有如此大的魅力？

图 4-13

2012 年，经过修缮的村小——郝堂宏伟小学（以下简称郝堂小学）落成，学校的定位是：建设一所有特点的小规模学校——小而特，小而优，小而美，小而强。

为了解决孩子吃饭难的问题，学校专门腾出了一间教师宿舍给孩子们做食堂。渐渐地，中午留校吃饭的孩子从十几个变成六十多个，这个房间显然不够用了，郝堂村设计师、北京绿十字生态文化传播中心创始人孙君为此给学校设计了一个生态餐厅。建设过程中没有砍伐一棵树，而是保留了树木和流水，在门口建了一个小型人工湿地污水处理池，里面种着水生美人蕉、菖蒲等净化水质的植物，周围是二十四节气文化墙。这座用四个月时间建成的餐厅，不仅为师生解决了吃饭问题，还成了学校食育的课堂（见图4-14）。食育，不仅能让孩子们保持健康，还能让他们掌握生活的基本能力，懂得感恩和爱。

图 4-14

学校大力开展食育推动计划，是河南省第一所正式的农村食育教育试点学校。食育理论课多用游戏互动、讲故事的方式呈现，而实操课由营养师带着孩子们做月饼、包粽子，体验中华民族传统饮食文化，也会带他们榨果汁，远离甜饮料。虽然村里的孩子经常在家干活，可上食育课和在家干活的状态完全不同。食育课更尊重孩子的兴趣，大家包粽子、做蛋挞、做寿司、包彩色包子，如图4-15所示。

"谢谢你小萝卜，你用你的生命，供给我们生命。我们会珍惜你的，不挑食、不浪费……"在食育课堂上，学生吴慧在手抄报上记录了她从种下萝卜到烹饪萝卜的全过程（见图4-16），语句稚嫩却真挚，那句"珍惜食物"的口号对她来说，不再只是贴在墙上的冷冰冰的标语了。每次学生课堂之后，学校还会开展家长课堂，希望家长们承担起家庭教育的职责，把食育课传授的本领用到每个人的小家庭里。

图 4-15   图 4-16

自成为试点校以来，食育推动计划在学校里的具体工作开展包括课程设计、教师培养、教材提供、食谱设计、家长课堂、主题活动、学生菜园、食育教室和项目评估。

除了面向学生、面向乡村，郝堂小学的饮食教育也面向城市、面向全社会。郝堂村是一个旅游村，游客们看到郝堂小学营养师带领孩子们做的食育展示，忍不住夸赞这是城里都没有的待遇。游客来了，吃什么呢？游客可以在村里游玩后来吃饭，吃的一定是健康食品。城里的家长也喜欢带着孩子来，一餐30块钱一个人，不仅可以吃，还可以上食育课。学校里的孩子们会主动接待，告诉游客们去哪里吃饭、怎么做晚饭、餐厅里餐具如何摆放、卫生怎么清理……孩子们待人接物的能力也得到了提高。食育改变了孩子们，改变了郝堂小学，也改变了郝堂村。

除了食育，围绕乡村的自然资源和实际情况，郝堂小学还开展了茶艺、种植、环保等课程。信阳是茶乡，拥有悠久的茶文化历史，郝堂村几乎家家户户都有茶山，都会炒茶，家长们也几乎都从事着和茶相关的各种工作。

然而，制茶的过程非常辛苦。每到采茶季节，孩子们总被家长早早地送到学校里，放学以后就没人管了。大人们辛苦劳作，挣的钱却不多，有时难免会传递负面情绪给孩子。郝堂小学希望让孩子从理解茶的文化和历史开始，慢慢懂得家人劳动的价值和意义是什么。

茶艺课上，茶馆就是课堂，孩子们了解制茶的工序，上完课还会回家和家长交流学到的内容。虽然家长们会做茶，但是他们说不出道理，而孩子们作为茶文化的后代，不仅懂制茶，还掌握了中国乃至世界上茶的种类、历史这些知识，不少家长惊喜地说，孩子们真可以，比自己还懂茶！采茶体验如图 4-17 所示。

图 4-17

种植课的诞生同样源于实际。学校里的空地不种花草，而是种蔬菜。这些菜地让每个孩子"承包"，种出的蔬菜便成为师生的食物来源。农村的孩子在家就会干活，加上家长偶尔来帮忙，不仅种得好，修饰得也好看。每个孩子都要写"种植日记"，并在一年之后根据收成、观赏性进行评奖，一等奖学校颁发 500 元。郝堂小学校长杨文平说，种植课最重要的是"体验"二字，种植过程中的一切体验都是教育的契机。种植体验如图 4-18 所示。

图 4-18

　　郝堂小学有一样东西最有名——厕所，如图 4-19 所示。这个生态厕所是台湾著名设计师谢英俊设计的，由上下两层组成，上层是旱厕，干湿分开。小便经碎石子过滤后通过塑料管流入下层的封闭储尿桶，大便直接掉到下层的粪堆上，要如厕人自己拿小铲用预备好的土壤将其适当覆盖，无须冲水。发酵成肥的粪土清理出来，正好被老师、同学们用在学校的菜地里，这是学校可持续发展的体现。

图 4-19

　　"我们要用最自然、最环保的方式来建设让城里人向往的村庄。有了这样的理念，才会有更多人愿意走进来，跟着一起做。"学校校长杨文平说。

　　食育教育应该担负改造教育和改造农村的双重任务。改造教育把儿童培育成有智慧、手脑结合、具备农业素养的劳动者，而不仅仅是消费者。而从农村来讲，思考农业和乡村的未来，支持生态农业和集体经济，改造农业、改造乡村的文化，让农村生活成为人们向往的生活，让农村变成幸福而不是落后的代言词。

二、我们放飞梦想，我们筑梦田野

　　随着国家扎实落实乡村振兴战略，推进乡村教育、经济和文化发展，广大农村地区的发展态势和创业环境今非昔比，返乡创业自然是一种顺应时代发展的明智选择。无论是 2015 年《国务院办公厅关于支持农民工等人员返乡创业的意见》指出的"支持农民工、大学生和退役士兵等人员返乡创业"，还是近年人力资源社会保障部、财政部、农业农村部印发的《关于进一步推动返乡入乡创业工作的意见》，均可见国家大力改变农村落后面貌的坚强决心。诸多大学生返乡创业既是在响应国家号召，也是志在实现自身的远大抱负。

正是受益于国家的政策推动，当下返乡创业环境越来越好，农村基层已经成为大学生发挥才干、反哺家乡的广阔空间。返乡创业也好，扶贫支教也好，都是发挥所学、展现自我的方式，打造了可持续发展的双赢格局。背后的推动力在于，由于生于斯长于斯，大学生对家乡的历史、现实较为了解，知道当地的经济增长点和发展瓶颈在哪儿，只要找到适合的创业切入点，打好亲情牌，利用好互联网平台，很容易走出传统商业模式的束缚，成就一番事业。近年来涌现的返乡大学生典型，多是将所学专业与乡情有机结合，圆了自己的创业梦，也帮助父老乡亲圆了致富梦（见图4-20）。

图 4-20

近年来，不少大学生放弃城市高薪就业机会，开启返乡创业之旅，不断为乡村振兴注入新鲜血液。他们用青春与活力奉献家乡，用选择和坚守唱响一曲"逆行"之歌。有的返乡创业大学生租荒山发展毛葡萄产业，带动30多户贫困户种植700多亩；有的手拿画笔，在一张张明信片上一笔笔描绘着村落的建筑，时不时抬头冲着门外吆喝一声"手绘明信片15元一套……""历史文化底蕴是家乡最宝贵的财富，绘画是我的爱好。我愿意用手绘明信片的方式记录家乡的古迹和变化，为家乡发展贡献自己的力量。"返乡大学生如是说。

乡村振兴稻田画如图 4-21 所示。

图 4-21

乡村振兴的关键在人才，大学生是助推农业现代化、产业化，延长农产品价值链条，提升农村文化品位的

重要力量。南果北种、鱼菜共生、富硒小米……这些听起来很时髦的农业词汇，如今正在地处黄土高原的山西"落地生根"。绿油油的火龙果，高大的香蕉树，沉甸甸的木瓜……坐落在山西省晋中市杨梁村的一个"热带果园"，吸引了大批游人前来参观、采摘。园子的主人叫李富春，毕业于中国矿业大学。谁也没有想到，这个建筑工程专业的"80后"，竟能在北方的黄土高坡上种出香甜可口的热带水果（见图4-22）。

图 4-22

2005年大学毕业后，在广东从事建筑装饰设计的李富春发现，南方许多热带水果品质非常好，但一经长途运输，到了北方口感就大打折扣。发现了其中的商机，李富春便利用闲暇时间到处参观热带果园。经过详细规划后，李富春回老家晋中市榆次区开始研究火龙果种植。经过两年悉心培育，李富春的火龙果初次上市，就为他带来40万元的收入。到2018年，他的果园超过30亩，有1万多名游客前来采摘，"每一茬新果子都被一抢而空"。

这样的"南果北种"基地，对大多数北方人来说，的确是个新鲜事。不少农户慕名前来，在李富春的指导下，山西各地已经建立了26家火龙果基地。

今日之农村在国家政策扶持和互联网大潮带动下，已经有了较高的起点和极大的发展空间，对此大学生要有明晰的认识，认识到返乡创业背后的现实意义，转变唯有大城市才有发展机遇的狭隘就业观，将精力放在个人与家乡发展的优势互补上。相信随着乡村振兴战略的实施，会有更多的大学生返乡创业，在希望的田野上，放飞青春梦想，为家乡经济发展贡献力量。

[1]（美）汤姆·斯坦迪奇．舌尖上的历史 [M]．杨雅婷，译．北京：中信出版社，2014.

[2]（美）保罗·弗里德曼．食物味道的历史 [M]．董舒琪，译．杭州：浙江大学出版社，2015.

[3]隗静秋．中外饮食文化 [M]．北京：经济管理出版社，2010.

[4]林桂岚．挑食的设计 [M]．济南：山东人民出版社，2007.

[5]李三新，曹华．基于情感体验的产品创新设计方法研究 [J]．家电科技，2017(01):22-24.

[6]刘晓薇．基于情感共鸣的图形设计探讨 [J]．现代装饰（理论），2015（03）：116.

[7]黄诗鸿．趣味设计互动性在厨具产品中的应用探讨 [J]．包装工程，2010(12):39-41+45.

[8]刘金萍．老年人药品包装的多感官体验设计 [J]．长春师范大学学报，2015(10):198-200.

[9]杨颐．体验消费与染织艺术的传承与发展 [J]．包装工程，2016(16):35-38.

[10]高寓鹏，李世国．基于用户心理需求的"体验消费"分析与行为研究 [J]．包装工程，2010(20):70-73.

[11]魏专．儿童包装中的多感官体验设计 [J]．包装工程，2015(18):24-27+32.

[12]杨天舒，杨天明．感官体验与包装设计的巧妙融通 [J]．包装工程，2012(20):102-105+139.

[13]裴凌暄．从食物到它物——"Food Design"的新浪潮 [J]．美与时代：创意（上），2017（02）:22-24.

[14]梁明．设计，食物与社会创新 [J]．新美术，2015（04）：80-83.

[15]刘志勇．食品包装设计微探——回归食物本真美 [J]．大众文艺，2014（11）：132-133.

[16]王安霞．产品包装设计 [M]．南京：东南大学出版社，2009.

[17]马歌林，汪芸．设计研究与食品研究：平行与交集 [J]．装饰，2013(02):54-63.

[18]孙泓，黄琳．产品设计中物质要素的情感化及设计策略 [J]．河南科技，2010(02):39.

[19]（美）约瑟夫·派恩，詹姆斯·吉尔摩．体验经济 [M]．夏业良，鲁炜，等译．北京：机械工业出版社，
    2002.

[20]（美）伯恩德·H．施密特．体验式营销 [M]．张愉，等译．北京：中国三峡出版社，2001.

[21]（美）诺曼．情感化设计 [M]．付秋芳，程进三，译．北京：电子工业出版社，2005.

[22]（日）久住昌之，谷口次郎．孤独的美食家 [M]．冷婷，译．北京：北京联合出版公司，2015.

[23]梁实秋．雅舍谈吃 [M]．长沙：湖南文艺出版社，2012.

[24]（美）诺曼．设计心理学 [M]．小柯，等译．北京：中信出版社，2013.

[25]周慧．一线城市白领营养午餐的服务设计研究 [D]．江南大学，2017.

[26]渠文．基于消费体验的江南地区糕点造型设计研究 [D]．江南大学，2017.

[27]曾利．女性休闲会所体验设计研究 [D]．湖南工业大学，2012.

[28]郁欣．体验经济下情感设计研究——瑜伽产品开发 [D]．东华大学，2010.

[29]贺珊珊．试说书籍设计的感官体验 [D]．西安美术学院，2010.

[30]纪方圆．基于消费体验的白领女性便携茶叶包装设计研究 [D]．东华大学，2013.

[31]黄姝．食物非食物——进食行为中的食物设计研究 [D]．中央美术学院，2018.

[32]吴艺华.来自东京银座的食品包装设计[J].包装与设计，2011（02）：26-37.

[33]（日）原研哉.设计中的设计 | 全本[M].纪江红，译.桂林：广西师范大学出版社，2010.

[34]王婷婷.基于田园情结的城市居住区农业活动研究[D].青岛理工大学，2013.

[35]周波.城市公共空间的历史演变[D].四川大学，2005.

[36]冯晓娜.中国城市公共空间的危机研究[D].复旦大学，2009.

[37]曹艺凡.基于文脉的城市公共空间设计[D].重庆大学，2011.

[38] Greer D F. The organization and performance of the U.S. food system[J]. Proceedings of the National Academy of the United States of America,1985(02):59-65.

[39] APA policy guide on community and regional food planning[EB/OL]. https://www.planning.org/policy/guides/adopted/food.htm. 2007-05-11.

[40] Ericksen P J. Conceptualizing food systems for global environmental change research[J]. Global Environmental Change, 2008(01):234-245.

[41] Alisa Smith, J B MacKinnon. The 100-Mile Diet:A Year of Local Eating[M]. Toronto: Random House Canada, 2007.

[42] Barbara Kingsolver, Animal, Vegetable, Miracle:A Year of Food Life[M]. New York: Harper Collins US, 2008.